常见

鸡病诊治原色图谱

第2版

陈鹏举　李海利　尤永君　赵作帅　主编

河南科学技术出版社

·郑州·

图书在版编目（CIP）数据

常见鸡病诊治原色图谱/陈鹏举等主编. —2版. —郑州：河南科学技术出版社，2022.9

ISBN 978-7-5725-0977-3

Ⅰ.①常… Ⅱ.①陈… Ⅲ.①鸡病–诊疗–图谱 Ⅳ.①S858.31-64

中国版本图书馆CIP数据核字（2022）第154636号

出版发行：河南科学技术出版社
　　　　　地址：郑州市郑东新区祥盛街27号　　邮编：450016
　　　　　电话：（0371）65737028　65788613
　　　　　网址：www.hnstp.cn
策划编辑：陈淑芹　申卫娟
责任编辑：申卫娟
责任校对：臧明慧
封面设计：张德琛
责任印制：张艳芳
印　　刷：河南新达彩印有限公司
经　　销：全国新华书店
开　　本：720 mm×1020 mm　1/16　印张：21.75　字数：414千字
版　　次：2022年9月第2版　　2022年9月第1次印刷
定　　价：68.00元

本书编写人员名单

名誉主编　刘长清

主　　审　张乃生

主　　编　陈鹏举　李海利　尤永君　赵作帅

副 主 编　张文龙　赵金凤　蔡　彬　李　伟

　　　　　陈立群　张　涛　刘建成　郭俊清

　　　　　雷　蕾　陈　蔷　李向超　李慧素

　　　　　解金辉　张建武　陈文平　孔庆强

编 著 者　（以姓氏笔画为序）

　　　　　王选杰　尤永君　孔庆强　刘建成

　　　　　李　伟　李本胜　李向超　李海利

　　　　　李慧素　杨振豪　张　涛　张文龙

　　　　　张宜娜　张建武　陆凤琪　陈　蔷

　　　　　陈文平　陈立群　陈鹏举　赵作帅

　　　　　赵金凤　贾立财　钱　晶　郭俊清

　　　　　韩　月　雷　蕾　解金辉　蔡　彬

主编简介

陈鹏举：男，汉族，九三学社社员，博士，正高级兽医师，执业兽医师。现任河南省现代中兽医研究院院长，中国兽医协会家禽兽医分会副会长，研究方向为畜禽疾病诊疗及中兽药研发。在国内率先创立"家禽两毒一菌一体"引起的"支气管堵塞症、黑心肺、气囊炎"和"两大三抑制四萎缩"的家禽传染性腺肌胃炎两大防控体系。发表论文62篇，作为第一主编出版著作4部、第三主释1部，获得国家三类新兽药"柴桂口服液"1项、河南省科学技术进步奖二等奖和三等奖各1项、发明专利22项及2021年度"勃林格殷格翰杯"杰出兽医基层标兵荣誉称号，参与制定地方标准3项，作为主要完成人参加"国家重点研发计划"等国家级和省部级项目9项。

李海利：男，博士，副研究员。就职于河南省农业科学院，主要从事动物疫病诊断与综合防治研究工作。主要研究动物病原菌的快速诊断技术体系的建立和应用、中草药的开发与应用及细菌性疾病的防控。发表SCI论文、核心期刊论文25篇，作为副主编出版著作1部，授权发明专利5项。主持和参加优秀青年基金、省财政专项基金项目等。在长期的工作实践中，对规模化养殖企业畜禽疫病临床诊断、中草药开发、实验室诊断、疫病的全面监测和净化等综合性防治技术方面积累了丰富的经验。

尤永君：男，博士，高级畜牧师，执业兽医师，天津市科技帮扶特派员。就职于天津瑞普生物技术股份有限公司。长期从事畜禽疾病诊疗与技术推广工作，先后为全国100多家大型养殖集团和公司提供技术支持，发表论文16篇，出版著作《禽病诊治原色图谱》1部，《蛋鸡不同饲养阶段疾病控制策略》、《白羽肉鸡现代化饲养管理》2套讲座光盘。获得河北省科学技术成果证书1项、天津市滨海新区科学技术进步奖1项、鹿泉市科学技术进步三等奖1项及2021年度"勃林格殷格翰杯"杰出兽医诊疗能手荣誉称号等。

赵作帅：男，大学本科。现任山东鑫德慧生物科技有限公司技术总监。长期根植一线从事家禽疾病诊疗与临床推广工作，临床诊疗经验丰富，擅长解决家禽养殖疑难杂症。发表核心论文4篇，作为副主编出版著作《禽病诊治原色图谱》1部，获得山东省科学技术成果等证书12项，累计为困难养殖户赠药48 000余件、赠书4 200本，开展公益科普知识讲座和新技术培训推广会议1 200余次。与陈鹏举博士联合创立"家禽两毒一菌一体"引起的"支气管堵塞症、黑心肺、气囊炎"和"两大三抑制四萎缩"的家禽传染性腺肌胃炎两大防控体系。

序

目前我国养鸡规模和养殖模式不断发生变化，集约化程度高、饲养密度高，人员及家禽相关产品频繁流动等因素的存在，为疾病的发生和流行创造了便利条件，再加上老病新发、新的传染病不断出现、疾病混合感染日趋严重、流行特点发生变化等，给鸡病临床诊断和防治造成了困难，制约了我国养鸡业的持续健康发展。

该书的编者长期从事兽医专业的教学、科研和临床技术服务工作，积累了丰富的实践经验，结合国内外相关研究成果编著了《常见鸡病诊治原色图谱》（第2版）。从概述、病原、流行病学、临床症状、病理变化、防治等方面系统地介绍了当前危害我国养鸡业的病毒病、细菌病、寄生虫病和普通病，并对重要鸡病做了重点阐述，增加了禽戊型肝炎病毒感染、传染性腺肌胃炎等最新流行病及临床总结的知识点及鉴别诊断，提供了临床实践和研究中积累的大量清晰图片。该书除全面系统阐述常见疾病外，还包含疗效确切的中药治疗方剂、常见的抗微生物药、免疫程序、饲养管理等内容。该书是"产、学、研、用"相结合的成果体现，是一本较为系统的鸡病学科普著作。

该书是编者对多年临床实践和研究工作的总结和凝练，内容翔实、文字简明扼要、图片清晰、重点突出，具有系统性、科学性、针对性和操作性强等特点，是广大从事鸡病研究、养鸡和鸡病防治的人员重要的参考书。

辛盛鹏

中国兽医协会副会长兼秘书长

前 言

随着我国养鸡技术水平不断提高，其营养代谢病、中毒性疾病发生率大幅度下降，但依旧存在老病新发、新的传染病不断出现、疾病混合感染日趋严重、流行特点发生变化等问题，给鸡病临床诊断和防治造成了困难。为此主编陈鹏举博士与中国兽医协会家禽兽医分会、河南科学技术出版社组织临床一线经验丰富的兽医专家论证后，决定对《常见鸡病诊治原色图谱》一书修订再版，供广大从事鸡病研究和鸡病防治的人员参考。

本书对第1版进行整体调整，内容有所侧重，力求反映我国鸡病流行现状。增加鸡病病原学内容及禽戊型肝炎病毒感染、传染性腺肌胃炎、滑液囊支原体感染、肉毒梭菌毒素中毒症等最新的流行病；更新传染性支气管炎、传染性喉气管炎、心包积液综合征、传染性鼻炎、弧菌性肝炎、多病因呼吸道病等疫病及其混合感染的最新流行特点和鉴别诊断、免疫程序、饲养管理；增补与更新清晰、直观的典型临床症状、病理变化及典型混合感染图片；增加疗效确切的中药治疗方剂及用法用量和家禽常见的抗微生物药。本书理论与实践相结合，内容翔实、图片清晰、图文并茂，具有系统性、科学性、针对性和操作性强等特点，让读者能看图识病、科学用药。

本书修订由中国兽医协会家禽兽医分会和河南省现代中兽医研究院牵头实施，河南省现代中兽医研究院、河南省农村科学技术开发中心有限责任公司、河南牧翔动物药业有限公司、北京市华都峪口禽业有限责任公司、天津瑞普生物技术股份有限公司、颍河（焦作）中药生物工程有限责任公司、山东鑫德慧生物科技有限公司、安徽牧春堂天然药物研究开发有限公司、焦作市农科利来生物科技有限公司等单位人员参与共同完成。修订工作得到吉林大学、河南农业大学、河南牧业经济学院、山东鲁兽研生物科技有限公司、贵州省红枫湖畜禽水产有限公司、河南牧隆兽药有限公司、河南省亮点动物药业有限公司等多家单位的鼎力相助，尤其得到吉林大学张乃生教授，河南农业大学张龙现教授、胡功政教授、张光辉教授及河南牧业经济学院李新正教授等多位专家的鼎力支持与帮助。此次修订又参考一些专家、学者最新的文献资料等，在此一并表示衷心的感谢。

　　编者们在修订过程中付出了很大的心血，若书中有纰漏或不妥之处，敬请广大读者、专家批评指正。

编者

2022年1月

目 录

第一编 常见疾病的综合防治

【用法与用量】1~3 g/只。

【处方2】银翘散

金银花60 g，连翘、牛蒡子、桔梗各45 g，薄荷、荆芥、淡豆豉各30 g，淡竹叶20 g，甘草15 g。

【用法与用量】1~3 g/只（若呼吸不畅伴有发热则配合麻杏石甘散）。

【处方3】清瘟败毒散

生石膏120 g，地黄、栀子、知母、连翘各30 g，水牛角60 g，黄连、牡丹皮各20 g，黄芩、赤芍、玄参、桔梗、淡竹叶各25 g，甘草15 g。

【用法与用量】1~3 g/只。

【处方4】双黄连散

金银花、黄芩各375 g，连翘750 g。

【用法与用量】0.75~1.5 g/只。

【处方5】茵陈金花散

茵陈70 g，金银花50 g，黄芩、龙胆草、防风、荆芥各60 g，黄柏、柴胡、甘草各40 g，板蓝根120 g。

【用法与用量】一次量，每1 kg体重0.5 g，2次/d，连用3 d。

【处方6】金丝桃素

【用法与用量】50~70 mg/只。

【处方7】肺炎康（河南省现代中兽医研究院研制）

枯芩、鱼腥草、茵陈、板蓝根各12 g，苦杏仁、厚朴、陈皮、紫萁贯众、连翘各9 g，大青叶13 g，山豆根、桑白皮各11 g，贝母7 g。

【用法与用量】0.25~2.0 g/只，1次/d，连用5~7 d。病情严重时加倍使用。

【临床应用】用于治疗低致病性禽流感引起的呼吸道感染，总有效率达94.1%。严重病例出现高热、张口伸颈呼吸时配合麻杏石甘颗粒、卡巴匹林钙可溶性粉、氯化铵等饮水，6~8 h即可缓解高热、呼吸道症状，配合用药一般2~3 d即可。

（3）个别严重病例采取单独给药方式治疗。

干扰素1~2 mg/只，板蓝根注射液1~2 mL/只，阿米卡星注射液每1 kg体重4万~6万IU或头孢喹诺每1 kg体重2.6 mg，肌内注射。

鸡冠、肉髯发绀

鸡冠、面部呈蓝紫色

下颌肿胀，质地较硬

眼角膜混浊

跗关节及胫部鳞片下出血

鳞片下出血

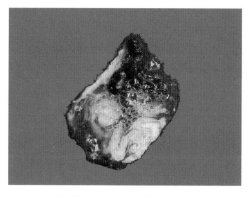

病鸡拉带有大量黏液的黄绿色粪便

软壳蛋、破壳蛋、砂壳蛋增多

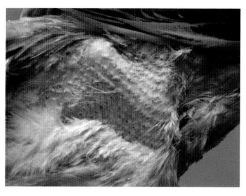

皮下出血

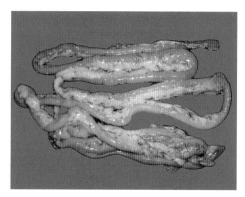

肠系膜脂肪点状出血

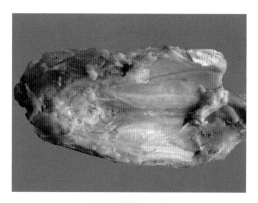

龙骨下脂肪出血

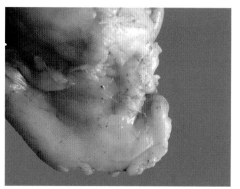

腹部脂肪点状出血

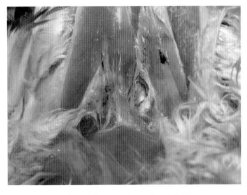

腿部肌肉及三角肌脂肪出血

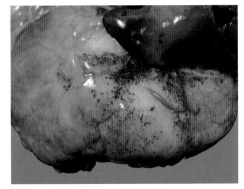

胃部脂肪出血

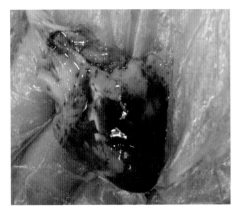

心冠脂肪出血

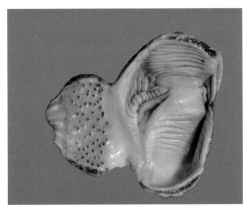

腺胃乳头出血，腺体开口处出血

腺胃乳头出血，腺胃与肌胃交界处出血，肌胃出血

腺胃乳头水肿，腺胃与肌胃交界处出血

腺胃乳头水肿、出血，肌胃角质层溃烂

心肌呈条纹状坏死

心外膜有出血斑

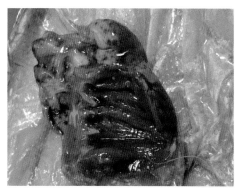

心内膜出血

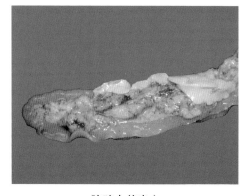

胰腺点状出血

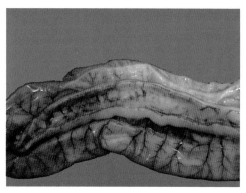

胰脏边缘出血

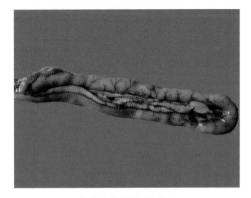

胰脏边缘呈线状出血

胰脏有褐色点状半透明样变性

脾脏肿大、出血

脾脏有灰白色坏死灶

胸腺出血

法氏囊出血，浆膜水肿，呈紫葡萄样

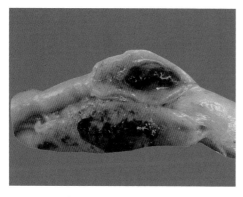

盲肠扁桃体出血、溃疡

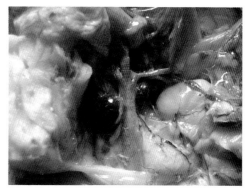

甲状腺肿大、出血

大脑和小脑脑膜下有细小的出血点

颈部皮下出血

鼻腔、口腔及食管黏膜散在大量出血点

食管黏膜出血

食管黏膜有出血点散在

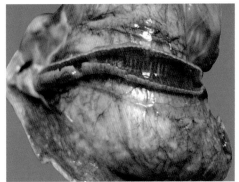

气管严重出血

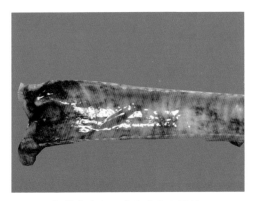

气管内出血，内有黄白色黏液

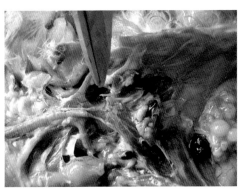

H9禽流感引起的支气管阻塞

气管出血，内有黄白色黏液

肺脏出血、坏死

肺脏水肿、出血，病情严重时坏死

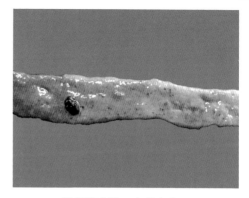

肠黏膜水肿，点状出血

花斑肾，睾丸呈斑状出血

花斑肾，输尿管内有尿酸盐沉积

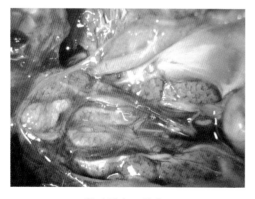

肾脏肿大、苍白

肝脏出血

输卵管系膜水肿

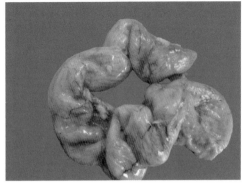

输卵管水肿

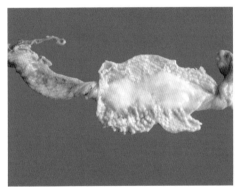

输卵管内有脓性乳白色分泌物

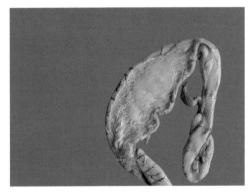

输卵管内有似凝非凝样分泌物

输卵管内有黄白色块状物、白色脓性分泌物、血凝块

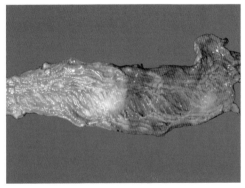

输卵管出血，管壁变薄，内有黄白色蛋清样分泌物

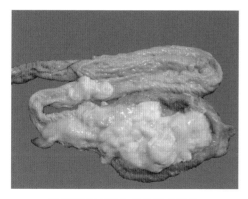

输卵管内有黄白色脓性分泌物

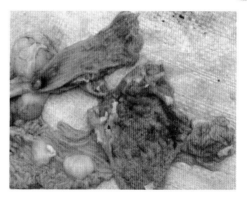

输卵管黏膜糜烂、出血，局部溃疡，内有似蛋清样物

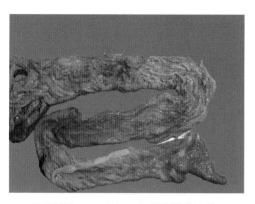

输卵管充血、出血，内有脓性分泌物

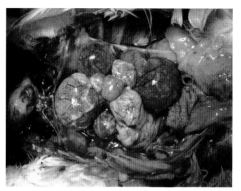

卵巢坏死、萎缩

卵泡出血、萎缩，形成筋膜

卵泡出血、坏死

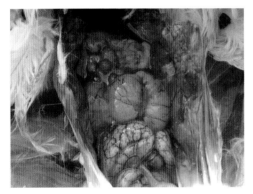

卵泡破裂、坏死，呈菜花状

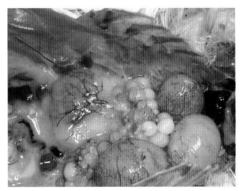

卵泡充血、出血，卵黄液化

卵泡萎缩，有黄色干酪样渗出物

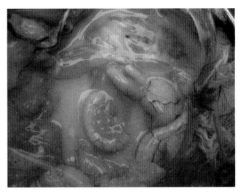

卵泡破裂，掉入腹腔后形成卵黄性腹膜炎

二、新 城 疫

★概述

新城疫（newcastle disease，ND）是由新城疫病毒（newcastle disease virus，NDV）强毒株引起鸡、火鸡的一种急性、高度接触性传染病，常呈败血症经过。新城疫是 OIE 规定的A 类传染病，我国将新城疫列为一类动物疫病。目前新城疫仍是养鸡业主要的病毒性疾病。

★病原

新城疫病毒属于副黏病毒科禽腮腺炎病毒属。NDV核酸类型为单股负链不分节段RNA，完整病毒粒子形状不一，大多数为球形，直径100～500 nm，核衣壳呈螺旋对称型，有囊膜，NDV血清型是APMV-1，NDV能凝集多种动物的红细胞。

★流行病学

传染源：病鸡和带毒鸡是主要传染源。

传播途径：呼吸道和消化道传播是主要传播途径，其次是眼结膜、带毒种蛋，创伤及交配也可传染。而非易感的野禽、外寄生虫及人畜均可机械地传播新城疫病毒。

易感动物：不同日龄的鸡易感性有差异，70日龄以下的鸡易感性最高，15～32日龄、40～60日龄及产蛋期的鸡发病率高。

传播媒介：被NDV污染的水、饲料、器械及带毒的野生飞禽、外寄生虫及厂区工作人员等是主要的传播媒介。

本病四季均可发生，以春冬两季较多，发病取决于不同季节新鸡的数量、流动情况和适于病毒存活及传播的条件，污染的环境和带毒的鸡群是造成本病流行的常见原因。

目前新城疫发病日龄越来越早，最早的在3日龄可发病，死亡率的高低取决于体内抗体水平的高低，抗体水平低或没有免疫接种的鸡群，病死率高达75%～100%；免疫鸡群仍可发病，病死率变化比较大，在3%～40%。

近几年非典型新城疫发病率呈上升趋势，单独发病少见，常与大肠杆菌病、传染性法氏囊病、慢性呼吸道病、球虫病等一种或几种疾病混合感染，致使死亡率明显增加等。

★临床症状

自然感染时潜伏期3～5 d，人工感染时潜伏期2～5 d。

1.典型新城疫

病初体温高达43～44 ℃，病鸡精神沉郁，眼半闭似昏睡状，采食量减少，饮水量增加，嗉囊内有大量酸臭液体，不愿走动，翅下垂，冠、肉髯呈青紫色，呼吸困难并带有"呼噜"声，口腔流出绿色液体，排黄绿色粪便；中后期病鸡出现腿翅麻痹、运动失调、原地转圈、观星等症状，伴随体温下降，终昏迷而死。

产蛋率下降20%～70%不等，软壳蛋、砂壳蛋、褪色蛋、白壳蛋、小蛋等明显增多，种鸡受精率明显下降。

商品肉鸡群多集中在18日龄、30日龄左右发病，先呼吸不畅、体温升高，后期出现神经症状，终因消瘦死亡。

2.非典型新城疫

初期与典型新城疫相似，免疫后的鸡群多发，发病率、死亡率相对低，死亡持续时间长，临床以呼吸道症状、神经症状及产蛋率下降为主，其他症状表现不明显。

产蛋鸡群发病后，精神和采食量基本正常，有的拉稀；发病5~7 d后，病鸡出现瘫痪、扭脖、观星、摇头、头点地等症状；一般发病7~10 d后，产蛋率下降，白壳蛋、畸形蛋、砂壳蛋、破壳蛋等增多，种鸡受精率、孵化率、健雏率等均低于正常水平，或终因继发感染大肠杆菌病、沙门杆菌病等疾病引发卵黄性腹膜炎，产蛋不易恢复至正常水平。

雏鸡及青年蛋鸡可能会出现不同程度的呼吸道症状，如摇头、咳嗽及轻微的"呼噜"声，个别张口呼吸等。

★病理变化

以全身黏膜和浆膜出血、淋巴组织肿胀、出血和坏死，消化道和呼吸道出血为主要病理特征。

嗉囊内聚积酸臭味、混浊的液体（目前规模化养殖场不常见，多见于散养的鸡群）。

喉头和气管黏膜充血、出血，内有大量黄白色黏液或黄色干酪样物。

嗉囊与腺胃交界处、腺胃与肌胃交界处有出血点或出血带；腺胃黏膜肿胀、出血，腺胃乳头和乳头间出血；肌胃角质层下有出血斑点，或粟粒状溃疡；腺胃与肌胃交界处有胶样渗出物。

肠黏膜有大小不等的出血点或弥漫性出血，直肠黏膜皱褶有条状出血或点状出血，或有黄色纤维性坏死灶。淋巴组织和盲肠扁桃体肿大、出血、坏死和溃疡，肠黏膜表面有纤维素性坏死性假膜，略高于黏膜表面，浆膜面呈红色枣核样。

腹部脂肪和心冠脂肪出血；胸腺、脾脏肿大、出血；肾脏充血、水肿，输尿管内有尿酸盐沉积。

输卵管黏膜充血，卵泡充血、出血、变性，甚至坏死，卵黄破裂掉入腹腔后形成卵黄性腹膜炎。

★禽流感与新城疫鉴别诊断

1.流行病学鉴别

（1）高致病性禽流感具有发病急、病程短、死亡快、短期内大批死亡的特点，甚至不表现临床症状。非典型新城疫较为多见，多呈渐进性死亡，死亡率低且病程较长，多在4 d以上。

（2）高致病性禽流感流行的疫点及疫点附近，家禽（鸡、鸭、鹅）也会发病，而新城疫一般只引起鸡发病。

2.临床症状鉴别

（1）高致病性禽流感病鸡的典型症状是鸡冠和肉髯发紫、肿胀，肿头、肿脸和鳞片下出血，而新城疫病鸡则很少出现肿头、肿脸和鳞片下出血。

（2）新城疫病鸡常离群呆立，闭目缩颈，呈瞌睡状，常发出"呼噜"声和甩头症状，部分病鸡拉绿色稀粪，而禽流感病鸡除了精神委顿、羽毛逆立松乱等与新城疫病鸡症状相似外，上述症状则大多不具备。

3.病理变化鉴别

禽流感和新城疫均具有皮下肌肉和大多数脏器及浆膜、黏膜的出血特征，但两者尚有许多不同点可加以区别。

（1）典型新城疫病鸡大多嗉囊膨胀，里面充满酸臭味的液体或糊状物，而禽流感病鸡一般见不到这种情况。

（2）呼吸道症状均见喉头及气管充血、出血，内含黏液性分泌物，但新城疫病鸡因病程长，肺一侧或两侧大多出现大叶性肺炎，许多情况下可见到肺与胸膜粘连。

（3）两者均有腺胃乳头肿胀或乳头有出血点等，新城疫病鸡的肌胃角质层下有出血，胃内容物大多呈绿色。

（4）凡盲肠扁桃体和气囊有病变的鸡其病程多在5 d以上，这两点病变新城疫与禽流感是截然不同的。新城疫一是盲肠扁桃体严重肿胀，肿成黄豆粒大的圆疙瘩，剪开后严重增生、出血；二是多数新城疫病鸡的胸腹腔气囊呈现严重的化脓性坏死性气囊炎。高致病性禽流感一旦发病，1~2 d几乎全群死亡，目前多数情况下新城疫的死亡率不到20%。

（5）禽流感病死鸡输卵管内有似凝非凝样分泌物，新城疫病死鸡输卵管内则没有。

★防治措施

1.预防

疫苗接种是预防新城疫的关键措施，平时加强饲养管理，适当增加维生素及提高机体免疫力的中药，以增强鸡的体质，提高抗病力；严格执行消毒制度，做到临时消毒与定期消毒相结合，切断病原的传播途径等。

2.治疗方案

非典型新城疫治疗方案和治疗效果受多种因素影响，治疗方案仅供参考。

（1）肌内注射新城疫高免卵黄抗体1～2 mL/只。

（2）抗微生物药饮水或拌料，控制细菌的继发感染。配合维生素C可溶性粉及干扰素、转移因子、白介素或蜂毒肽饮水。

（3）疫苗紧急接种24 h后，选择清瘟败毒、凉血、开窍的中药制剂治疗。

【处方1】清瘟败毒散

生石膏120 g，地黄、栀子、知母、连翘各30 g，水牛角60 g，黄连、牡丹皮各20 g，黄芩、赤芍、玄参、桔梗、淡竹叶各25 g，甘草15 g。

【用法与用量】1～3 g/只。

【处方2】普济消毒散

大黄、连翘、板蓝根各30 g，黄芩、薄荷、玄参、升麻、柴胡、桔梗、荆芥、青黛各25 g，黄连、马勃、陈皮各20 g，甘草15 g，牛蒡子45 g，滑石80 g。

【用法与用量】1～3 g/只。

【处方3】金银花、连翘、板蓝根、蒲公英、青黛、甘草各120 g。

【用法与用量】水煎取汁，供100只鸡1次饮服，1剂/d，连用3～5 d。

【处方4】石竹散（河南省现代中兽医研究院研制）

生石膏、水牛角各12 g，知母、生地黄、牡丹皮、板蓝根、淡竹叶各9 g，甘草、连翘各7 g，大青叶11 g，黄连、金银花各6 g，人参叶5 g等。

【功能】清热解毒，凉血。

【主治】热毒上冲，头面、腮颊肿胀，发斑，高热神昏等症。

【用法与用量】0.25～1.5g/只，1次/d，连用3～5 d。病情严重时加倍使用。

病鸡精神沉郁，羽毛蓬乱，拉黄白色或黄绿色如蛋清样稀粪

病鸡瘫痪、头点地

病鸡扭颈，拉白色稀粪

病鸡受到刺激后呈扭颈状

病鸡呼吸困难，张口呼吸

病鸡口腔流出绿色液体

蛋壳褪色，易破碎

砂壳蛋

软壳蛋

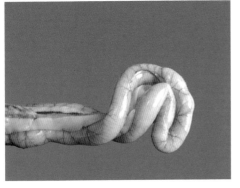

强毒新城疫引起的十二指肠"U"祥出血

肠道肿胀、出血

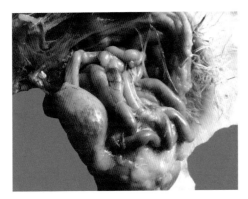

腺胃肿胀、出血

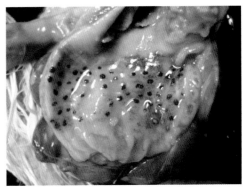

腺胃乳头出血，胃壁变薄

腺胃出血

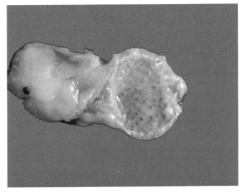

肌胃与腺胃交界处有胶样渗出

肌胃与腺胃交界处出血、乳头水肿

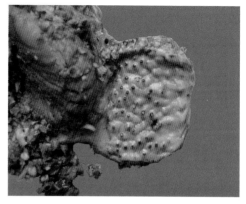

腺胃乳头出血，乳头尖有白色脓液

腺胃乳头尖部潮红、充血

腺胃出血，脾脏有黄白色坏死点，淋巴滤泡丛溃疡

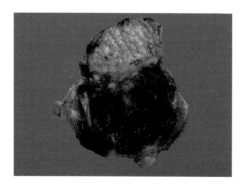

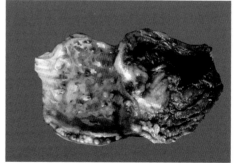

新城疫与曲霉菌病混合感染引起腺胃乳头出血，肌胃角质层溃疡

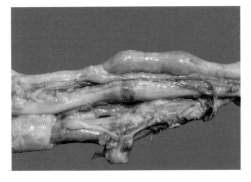

淋巴滤泡丛肿胀、出血

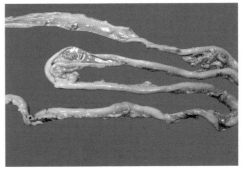

淋巴滤泡丛形成枣核样坏死灶

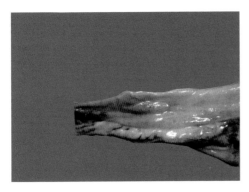

淋巴滤泡丛枣核样坏死

淋巴滤泡丛出血性溃疡

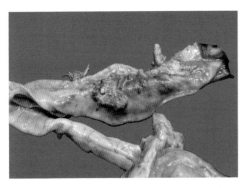

肠黏膜脱落，淋巴滤泡丛有出血性坏死灶

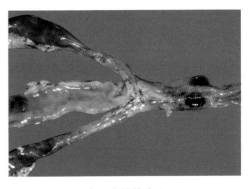

盲肠扁桃体出血

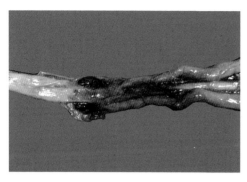

盲肠扁桃体出血、溃疡

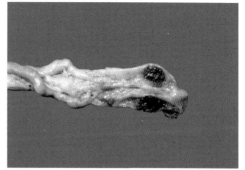

盲肠扁桃体溃疡

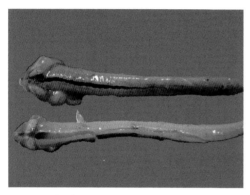

上：气管水肿、充血；下：正常气管

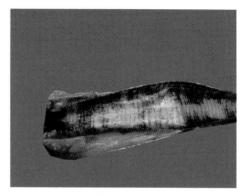

气管黏膜出血

气管黏膜出血，管内有黏液

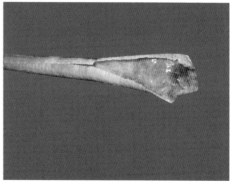

喉头肿胀、出血

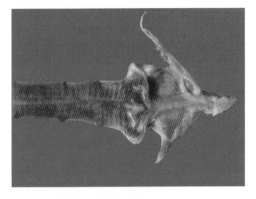

喉头和气管黏膜充血、出血

胸腺肿胀，有出血点

脾脏肿大、出血

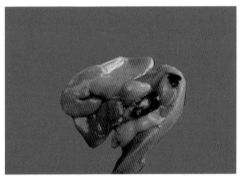

脾脏出血

强毒新城疫引起的肾脏肿大、出血，呈花斑样

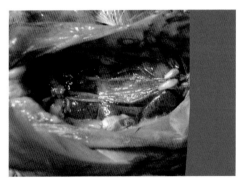

强毒新城疫引起的肾脏出血

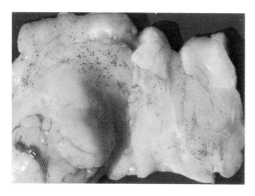

腹部脂肪有出血点

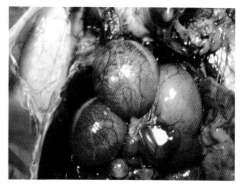

卵黄充血、变性、坏死

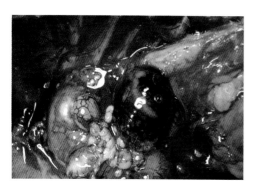

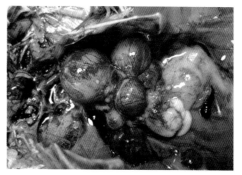

卵泡充血、出血、变性，甚至坏死，卵黄破裂掉入腹腔后形成卵黄性腹膜炎

三、传染性法氏囊病

★概述

传染性法氏囊病（infectious bursal disease，IBD）是由传染性法氏囊病毒（infectious bursal disease virus，IBDV）引起雏鸡的一种急性、高度接触性传染病。本病具有突然发病、传播迅速、病程短、死亡曲线呈尖峰式的特点，也是严重危害养鸡业的主要传染病之一。

★病原

传染性法氏囊病毒属于双RNA病毒科禽双RNA病毒属。基因组由2个片段的双股RNA构成，故命名为双RNA病毒，IBDV颗粒为球形，单层衣壳，无囊膜，

为二十面体立体对称结构，直径55～65 nm，无红细胞凝集特性。IBDV有2个血清型，即血清Ⅰ型（只对鸡致病）和血清Ⅱ型（对鸡及火鸡一般均无致病性），超强毒株（vvIBDV）的存在可能是造成免疫失败的原因。该病毒对外界环境的抵抗力极强，外界环境一旦被病毒污染可长期传播病毒。

★流行病学

传染源：病鸡和带毒鸡是主要传染源。

传播途径：通过被鸡排泄物污染的饲料、饮水和垫料等经消化道传染，也可经呼吸道和眼结膜等传播。

易感动物：各种品种的鸡均可感染，3～6周龄的鸡易感，成年鸡一般呈隐性感染。

本病潜伏期为2～3 d，所有的鸡均可发病，具有发病日龄范围广、病程长、免疫鸡群仍可发病的特点。

近几年法氏囊病毒超强毒株（vvIBDV）普遍存在，变异较快，感染日龄早化，最早可见3日龄发病。感染后3 d开始死亡，5～7 d达到高峰，以后逐渐停息，死亡曲线呈尖峰式；而免疫鸡群尖峰死亡不明显但反复发病。

本病因法氏囊受损导致免疫抑制，造成马立克病、新城疫等免疫失败，易与大肠杆菌病、沙门杆菌病、球虫病、新城疫及慢性呼吸道病等混合感染。

临床发现：若1‰～3‰的鸡出现呆立，尾部下垂呈犬坐样，拉黄白色奶状粪便，肝脏呈黄灰色或土黄色，死后因肋骨压挤呈红黄相间的条纹状，周边有梗死灶等，一般3 d后出现本病的临床症状，这一点对于早期发现本病具有较大的参考价值。

★临床症状

本病潜伏期为2～3 d。

鸡只突然发病，自啄泄殖腔，精神萎靡，羽毛蓬松，翅膀下垂，震颤，闭目打盹呈昏睡状，步态不稳，严重时卧下不动呈三足鼎立姿势。

食欲下降或废绝，饮水量剧增，拉黄白色奶样粪便或水样粪便，泄殖腔周围的羽毛被粪便污染。

发病中后期病鸡对外界刺激反应迟钝或消失，体温下降，扎堆，垂头，卧地不起，严重脱水，极度衰弱而死。

★病理变化

机体脱水，鸡爪发干，肌肉暗淡无光泽。

腿肌和胸肌有出血点或出血斑，呈刷状或条纹状。

肾脏不同程度的肿胀、出血，多因尿酸盐沉积而呈红白相间的花斑肾外观，输尿管内有尿酸盐沉积，严重时堵塞输尿管。

法氏囊水肿、出血，比正常的肿大2倍以上，严重时呈紫黑色葡萄状，5 d后逐渐萎缩；法氏囊内黏液增多，黏膜皱褶多混浊不清，黏膜表面有点状出血或弥漫性出血，严重时法氏囊内有奶油样或干酪样渗出物。

肌胃与腺胃交界处条状出血。

肝脏呈黄灰色或土黄色，死后因肋骨压挤呈红黄相间的条纹状，周边有梗死灶。

★鉴别诊断

传染性法氏囊病与硒和维生素E缺乏症：均有肌肉出血，硒和维生素E缺乏症无法氏囊病变，饲料中补充硒和维生素E后，病症逐渐减轻或消失。

传染性法氏囊病与新城疫：均可能出现腺胃乳头及其他器官出血。新城疫病程长，有呼吸道和神经症状，无法氏囊特征性病理变化。

传染性法氏囊病与传染性贫血：传染性贫血多发生于1~3周龄的雏鸡，病鸡骨髓黄染，翅膀或腹部皮下出血（又称蓝翅病），胸腺、法氏囊萎缩。

传染性法氏囊病与住白细胞原虫病：住白细胞原虫病鸡冠苍白，精神沉郁，内脏器官出血以及胸肌、心肌等部位有小白色结节或囊肿。

★防治措施

1.预防

免疫接种是预防本病的关键措施。平时加强饲养管理，搞好环境卫生，做好消毒工作，减少或杜绝强毒的感染机会，减少应激等是预防本病的重要措施。

2.治疗方案

（1）隔离病鸡，严格消毒，适当提高鸡舍温度，饮水中添加补液盐和电解多维（尤其是维生素C），供应充足饮用水，适当降低饲料中蛋白质的含量等措施，利于本病的康复。

（2）发病鸡和假定健康鸡肌内注射高免卵黄。剂量：20日龄以内的鸡0.5 mL/只，20日龄以上的鸡1～2 mL/只（建议注射时配合抗微生物药以控制细菌的继发感染）。治疗8～10 d后接种疫苗。

（3）采用扶正祛邪、清热解毒、凉血止痢的中药制剂治疗。

【处方1】扶正解毒散

板蓝根、黄芪各60 g，淫羊藿30 g。

【用法与用量】0.5～1.5 g/只。

【处方2】清瘟败毒散

生石膏120 g，地黄、栀子、知母、连翘各30 g，水牛角60 g，黄连、牡丹皮各20 g，黄芩、赤芍、玄参、桔梗、淡竹叶各25 g，甘草15 g。

【用法与用量】1～3 g/只。

【处方3】法氏宁散

黄芪、板蓝根各150 g，大青叶、猪苓各100 g，金银花、茯苓各80 g，党参、当归、栀子各70 g，苍术60 g，红花30 g，甘草40 g。

【用法与用量】混饲，每100 kg饲料2 kg，重症鸡每1 kg体重2 g，预防用量酌减。使用时也可以按上述用量将药用开水适量浸泡1 h，取上清液供鸡饮用，药渣拌料饲喂。

【处方4】三黄金花散

黄芪、蒲公英、板蓝根、金荞麦、茯苓、党参、大青叶、红花各200 g，黄连80 g，金银花、黄芩、茵陈、藿香各100 g，甘草150 g，生石膏50 g。

【用法与用量】拌料：一次量，每1 kg体重0.5～0.8 g，3次/d。

【处方5】金翘败毒散

金银花、连翘、黄芩、栀子、板蓝根、知母、丹参、大青叶、玄参、地黄、黄柏、牡丹皮40 g，绵马贯众、赤芍、甘草各30 g，生石膏100 g，黄连20 g。

【用法与用量】一次量，每1 kg体重0.6～0.8 g，2次/d，连用2 d。

【处方6】公英青蓝合剂

蒲公英、大青叶、板蓝根各200 g，金银花、黄芩、黄柏、甘草各100 g，藿香、生石膏各50 g。

【用法与用量】混饮：每1 L水4 mL，连用3 d。

病鸡精神萎靡，翅膀下垂

病鸡精神沉郁，被毛蓬乱，翅膀下垂，嗜睡

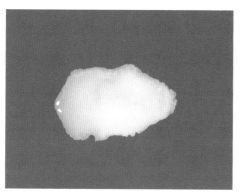

病鸡拉黄白色奶样粪便

肌胃与腺胃交界处出血

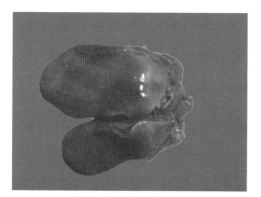

肝脏呈黄灰色或土灰色

肝脏呈土黄色

胸肌出血

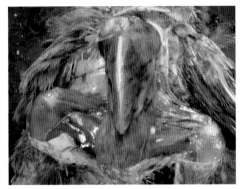

胸肌出血

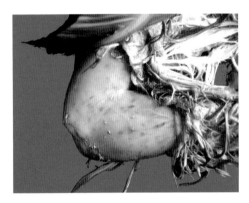

腿肌呈刷状出血

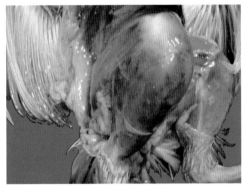

腿肌严重出血

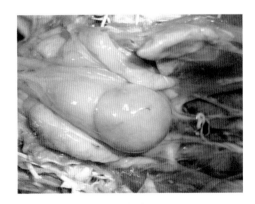

法氏囊肿大

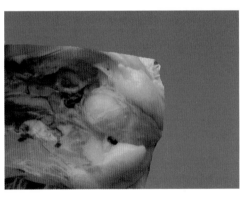

法氏囊胶冻样水肿、变性，呈黄色

法氏囊肿胀、出血

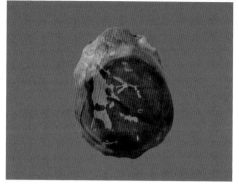

法氏囊出血，浆膜外有胶样渗出物

法氏囊浆膜外有胶样渗出物，严重时呈紫葡萄状

法氏囊后期坏死、萎缩

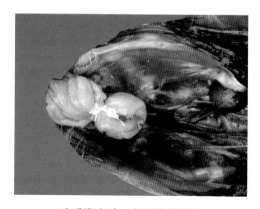

法氏囊水肿，内有黄色黏液

法氏囊出血，内有乳白色液体

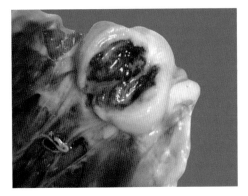

法氏囊黏膜严重出血

法氏囊囊壁出血呈紫黑色

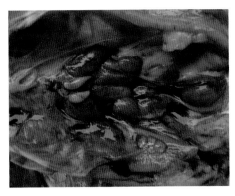

肾脏肿大、出血，法氏囊肿大、出血，呈紫葡萄样

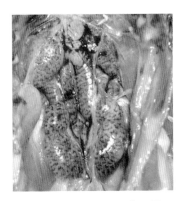

肾脏肿大、出血，呈花斑样

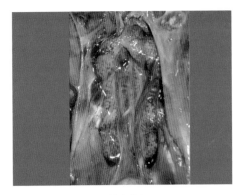

花斑肾

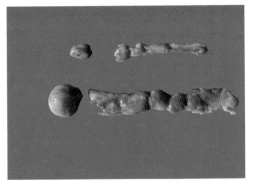

上：法氏囊、胸腺萎缩；下：正常法氏囊和胸腺

四、传染性支气管炎

★概述

传染性支气管炎（infectious bronchitis，IB）是由传染性支气管炎病毒（infectious bronchitis virus，IBV）引起鸡的一种急性、高度接触性呼吸道和泌尿生殖道疾病，以病鸡气喘、咳嗽、打喷嚏、流鼻涕和气管啰音，蛋鸡产蛋率和蛋品质下降为主要临床特征。目前，传染性支气管炎是严重危害养鸡业的主要疾病之一。

★病原

传染性支气管炎病毒属于冠状病毒科冠状病毒属的一个代表种。基因组为不分段的单股正链RNA，病毒粒子多数呈圆形或多边形，直径80～120 nm，病毒粒子有囊膜和纤突。IBV不凝集鸡红细胞，血清型众多，并且新的血清型和变异株不断出现，我国IBV流行的优势基因型以QX型为主，TW型（台湾型）有增加的趋势。IBV对一般消毒剂敏感。

★流行病学

传染源：病鸡和康复后带毒鸡是主要传染源，感染鸡排毒可长达2周。

传播途径：主要通过呼吸道传播，也可通过被污染的饲料、饮水和器具等媒介间接经消化道传播。一般认为本病不经垂直传播。

易感动物：只感染鸡，不同年龄、品种的鸡均易感，以雏鸡和产蛋鸡最易感，40日龄内的雏鸡发病最为严重，死亡率高达30%。

本病四季均可发生，传播迅速，一旦感染，很快传播全群，过热过冷、拥挤、通风不良、饲养密度过大、饲料中的营养成分缺乏或配比不当及其他不良应激因素都会促进本病的发生与流行，发病率可高达100%。

临床发现：肉鸡支气管栓塞症、气囊炎、黑心肺的发生与本病密切相关，病原检测时常可检测到IBV。

★临床症状

本病临床分为呼吸道型、肾型、腺胃型和生殖道型。

1.呼吸道型

雏鸡（5周龄之内）：病鸡精神委顿，缩头，闭眼沉睡，翅膀下垂，羽毛松散无光，怕冷挤堆，流鼻液，流泪，打喷嚏，伸颈张口喘气，伴随呼吸发出喘鸣音，个别鸡面部肿胀。

产蛋鸡：除有呼吸道症状外，产蛋鸡开产推迟和产蛋下降，产蛋下降25%～50%不等，伴随薄壳蛋、褪色蛋、畸形蛋、"鸽子蛋"或粗壳蛋等增多，蛋清稀薄如水，易与蛋黄分离，蛋白黏着于壳膜表面，种蛋孵化率降低，产蛋不易恢复到原有的水平。

1日龄雏鸡感染呼吸道型传染性支气管炎则造成永久性的输卵管受损，10～18日龄雏鸡感染则造成较多的假母鸡，也是蛋鸡不下蛋或产蛋无高峰的原因之一。

2.肾型

发病日龄主要集中在2～4周龄的雏鸡，病死率高，雏鸡最高可达30%以上。育成鸡和产蛋鸡也有发生，成鸡和产蛋鸡群并发尿石症时死亡增多。

病鸡精神沉郁，脱水，鸡爪干瘪，鸡冠、面部及全身皮肤发暗，缩颈垂翅，羽毛蓬松，怕冷，采食量减少，甚至食欲废绝，饮水量增多，排出大量白石灰质样粪便或白色奶油样稀粪，肛门周围羽毛被粪便污染。个别鸡因痛风引起瘫痪。

发病鸡群呈双相性临床症状，即初期有2～4 d的轻微呼吸道症状，随后呼吸道症状消失，出现表面上的"康复"状态，1周左右进入急性肾病阶段，零星死亡等。

3.腺胃型

多发于20～80日龄雏鸡，病死率一般为20%～30%，严重鸡群或有并发症时达90%以上。

病鸡采食量下降，闭眼嗜睡，前期出现流黏性鼻液、流泪、咳嗽等呼吸道症状，中后期机体极为消瘦，排黄绿色或白色稀薄粪便，终因衰竭死亡。

4.生殖道型

发病初期，病鸡精神萎靡，以"呼噜"症状为主，伴随张口喘气、咳嗽、气管啰音，有的肿眼流泪，一般持续5～7 d；发病中后期，采食量下降5%～20%，粪便变软或拉水样粪便等。

新开产鸡多发，主要表现为产蛋率低下，产蛋徘徊不前或上升缓慢，蛋壳质量差，畸形蛋比例高，个别鸡腹部增大（俗称水裆鸡），出现假母鸡。

产蛋高峰期发病时，蛋壳粗糙、陈旧、变薄、颜色变浅或发白，蛋清稀薄如水；产蛋率下降的多少因鸡体自身抗病力和毒株不同而异，恢复原来产蛋水平需要6周左右，但大多数达不到原来的产蛋水平。

★病理变化

1.呼吸道型

以鼻腔、鼻窦、气管和支气管内有浆液性、卡他性和干酪样渗出物为特征。

鼻腔、鼻窦内有条状或干酪样渗出物，鼻窦出血。

气囊混浊、坏死或气囊壁附有黄色干酪样渗出物。

喉头、气管充血、出血，内有黄白色黏液；严重感染时，气管下1/3处、支气管有干酪样的栓子，大支气管周围可见小灶性肺炎。

蛋鸡输卵管发育不良或有囊肿，卵泡充血、出血、坏死，腹膜混浊等。

2. 肾型

机体严重脱水，肌肉发绀，皮肤与肌肉难剥离；嗉囊积液。

肾脏肿大、苍白、出血，有尿酸盐沉积（俗称花斑肾）。严重时输尿管内有大量尿酸盐沉积，堵塞输尿管。

严重感染时，心外膜、肝脏表面及泄殖腔等处有白色尿酸盐沉积。

3.腺胃型

机体消瘦，胸肌、腿肌萎缩、苍白。

30%的病死鸡肾脏肿大，呈苍白色。

气管充血或出血，内有黏液。

腺胃肿大如乒乓球状、胃壁增厚，腺胃黏膜出血或溃疡，腺胃乳头肿胀、出血或乳头消失（病变与传染性腺肌胃炎相似），腺胃与肌胃交界处变薄，严重时穿孔。

肠黏膜出血，尤其十二指肠出血最为严重。

4.生殖道型

输卵管水肿、囊肿（呈水袋状），有的输卵管发育不全、萎缩；卵泡充血、出血、变性、萎缩，甚至坏死。

肾脏肿大，输尿管内沉积大量尿酸盐。

★鉴别诊断

新城疫：新城疫呼吸道症状一般比传染性支气管炎严重，发病中后期出现扭头等神经症状，腺胃肿胀、出血，易与腺胃型传染性支气管炎混淆，腺胃型传染性支气管炎以机体消瘦，腺胃极度肿大、出血和溃疡为特征，而新城疫以十二指肠、空肠及盲肠上有枣核状溃疡为特征。

传染性喉气管炎：传染性喉气管炎比传染性支气管炎传播快，呼吸道症状更明显，鸡冠发绀，咳嗽，甩头，咳血痰。病理变化为喉头和气管黏膜出血，内有血性栓塞，或有黄白色干酪样栓塞。

产蛋下降综合征：生殖道型传染性支气管炎易与产蛋下降综合征相混淆，产蛋下降综合征常引起产蛋率下降，蛋壳质量不良，蛋清不会稀薄如水，无呼吸道症状。

传染性法氏囊病与肾型传染性支气管炎的鉴别诊断见表1。

表1　传染性法氏囊病与肾型传染性支气管炎的鉴别诊断

鉴别要点	肾型传染性支气管炎	传染性法氏囊病
发病日龄	多发于14～28日龄	多发于20～40日龄
精神状态	大群精神良好	大群精神良好
肾脏病变	肾脏苍白肿大、输尿管充满尿酸盐	肾脏肿大但比较轻
肌肉病变	肌肉无出血	腿肌、胸肌出血
法氏囊病变	无变化	肿大、出血、内有干酪样物

马立克病：马立克病以内脏、肌肉、皮肤肿瘤形成和周围神经的淋巴细胞浸润为特征。腺胃型传染性支气管炎以腺胃肿大如乒乓球状，腺胃胃壁增厚，腺胃黏膜出血和溃疡，腺胃乳头肿胀、出血或乳头消失为主要病理特征，酷似肿瘤。

传染性鼻炎：传染性鼻炎的特征是脸部肿胀、流鼻涕，多见于2～3月龄青年鸡及刚开产鸡，使用抗生素是区分传染性支气管炎和传染性鼻炎的有效方法，若使用抗生素治疗有效则说明是传染性鼻炎。

★防治措施

1.预防

采用当地流行的分离株制成的疫苗进行免疫接种是预防本病的关键。平时加强饲养管理，做好环境卫生，及时消毒，减少诱发因素等是控制或降低发病的重要措施。

2.治疗方案

（1）抗微生物药饮水或拌料控制慢性呼吸道病、大肠杆菌病等疫病的继发或并发感染。饮水中添加复方碳酸氢盐电解质（碳酸氢钠879 g、碳酸氢钾100 g、亚硒酸钠1 g、碘化钾10 g、磷酸二氢钾10 g，混饮，每1 L水，鸡1～2 g，连用3 d，夏季仅上午使用）和电解多维或复方维生素纳米乳口服液，降低饲料中蛋白质的含量，供应充足的饮水等措施可缓解肾炎的症状。

（2）本病由热毒内蕴引起痰涎阻塞气管，导致咳嗽、气喘等症，故采用清肺化痰、止咳平喘的中药制剂治疗。

【处方1】清肺止咳散

桑白皮、前胡、连翘、橘红各30 g，知母、苦杏仁、桔梗各25 g，金银花60 g，甘草20 g，黄芩45 g。

【用法与用量】1～3 g/只。

【处方2】板青连黄散

板蓝根50 g，大青叶40 g，连翘、麻黄、甘草各20 g。

【用法与用量】混饲，每1 kg饲料4 g。

【处方3】呼炎康散

麻黄24 g，苦杏仁、桔梗、连翘各50 g，生石膏90 g，甘草、黄芩各60 g，板蓝根、鱼腥草各80 g，山豆根、射干各75 g。

【用法与用量】内服，每1 kg体重1 g，连用5 d。

【处方4】禽喘康复散

板蓝根、桔梗、穿心莲各80 g，麻黄、苦杏仁、黄芪各100 g，鱼腥草120 g，茯苓60 g，生石膏200 g，葶苈子100 g。

【用法与用量】混饲，每100 kg饲料2 kg。

【处方5】镇咳涤毒散

麻黄150 g，甘草、穿心莲、山豆根、蒲公英、板蓝根、生石膏各100 g，连翘70 g，黄芩50 g，黄连30 g。

【用法与用量】混饲，每1 kg饲料8 g。

【处方6】加减清肺散

板蓝根150 g，金银花、百部、玄参、浙贝母、陈皮各50 g，连翘、紫菀、苍术各70 g，黄芪、山豆根、葶苈子、黄柏、泽泻各100 g，知母90 g，桔梗80 g。

【用法与用量】混饲，每1 kg饲料 20 g。

【处方7】银翘清肺散

金银花、甘草各10 g，连翘、陈皮、葶苈子、麻黄各20 g，板蓝根、玄参各30 g，紫菀、黄芪、黄柏各15 g。

【用法与用量】混饲，每1 kg饲料2 g，连用3～6 d。

【处方8】银黄板翘散

黄连、金银花各50 g，板蓝根45 g，连翘、牡丹皮、栀子、知母各30 g，玄参20 g，水牛角浓缩粉、甘草各15 g，白矾、雄黄各10 g。

【用法与用量】 1～2 g/只。

【处方9】金银花、车前子各150 g，连翘、板蓝根、秦皮、白茅根各200 g，五倍子、麻黄、款冬花、桔梗、甘草各100 g。

【用法与用量】水煎2次，合并煎液，供1 500只鸡分上午、下午2次喂服。

【应用】用本方治疗30日龄白羽肉鸡肾型传染性支气管炎，连用3剂，治愈率96.13%。

【处方10】支肾通（河南省现代中兽医研究院研制）

杏仁10～15 g，桂枝15～25 g，茵陈15～22 g，甘草8～15 g，陈皮15～25 g，车前子10～15 g，黄芪16～25 g，桔梗18～30 g，金钱草20～30 g，瞿麦20～30 g。

【用法与用量】按照采食量2%～3%的比例，取散剂煮水，药水饮水，药渣拌料。

【应用】治疗肾型传染性支气管炎，连用5 d，约97%的病禽症状消失，基本痊愈。

呼吸道型：病鸡精神沉郁

呼吸道型：病鸡呼吸困难，张口伸颈呼吸

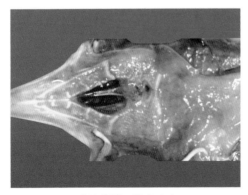

呼吸道型：鼻窦出血

呼吸道型：喉头及气管出血

呼吸道型：蛋壳褪色、粗糙、变薄、易破碎

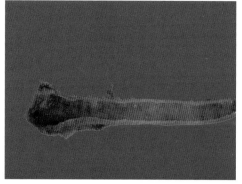

呼吸道型：喉头和气管水肿、充血，内有黄白色液体

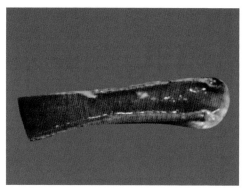

呼吸道型：气管出血

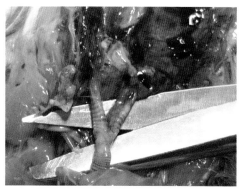

呼吸道型：支气管内有黄色干酪样物

呼吸道型：双侧支气管堵塞

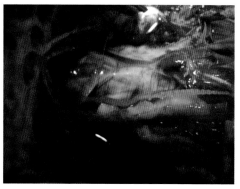

呼吸道型：气管及支气管内有黄白色柱状物

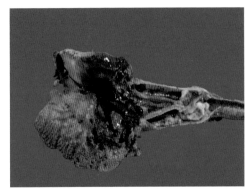

呼吸道型：支气管出血，内有黄白色干酪样物

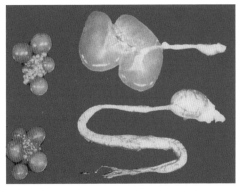

呼吸道型：雏鸡发生呼吸道型传染性支气管炎，输卵管永久性损坏，出现囊肿，产蛋无高峰（下为正常组对照）

呼吸道型：雏鸡输卵管不发育或发育不完善，不能产蛋或低产，但卵泡发育基本正常

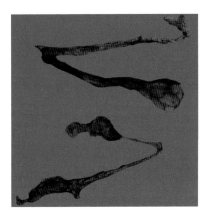

呼吸道型：育雏期感染后蛋鸡输卵管发育不良或有囊肿

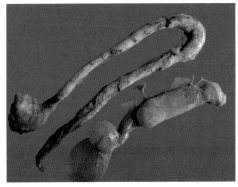

呼吸道型：雏鸡输卵管不发育或发育不完善（上为正常组对照）

呼吸道型：早期感染引起输卵管发育不全

呼吸道型：卵泡出血、坏死、萎缩

呼吸道型：雾状蛋、螺旋蛋等畸形蛋增多

肾型：感染后引起痛风，导致雏鸡瘫痪

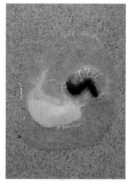

肾型：粪便呈石灰水样

肾型：粪便呈黄白色奶油样

肾型：肌肉脱水，嗉囊积液

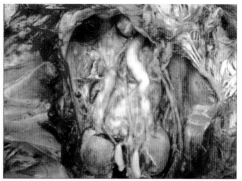

肾型：肾脏肿大、出血，输尿管内有大量尿酸盐

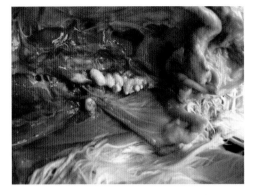

肾型：输尿管堵塞，内有石灰样栓塞

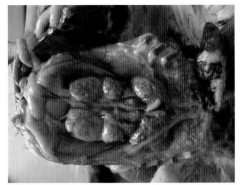

肾型：肾脏高度肿大，花斑肾

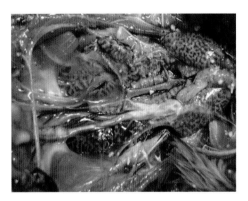

肾型：花斑肾

肾型：一侧肾脏肿胀，一侧肾脏萎缩

肾型：花斑肾，泄殖腔内积有大量白色尿酸盐

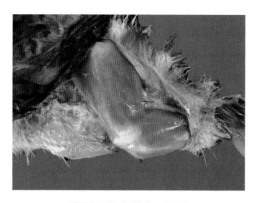

肾型：肌肉脱水，干燥

腺胃型：腺胃肿胀如球状

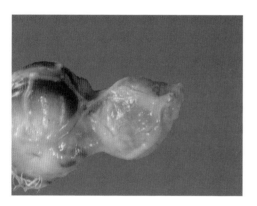

腺胃型：腺胃肿胀

腺胃型：腺胃肿胀，颜色苍白

腺胃型：腺胃肿胀，腺胃与肌胃交界处变粗
变薄，严重时交界处穿孔

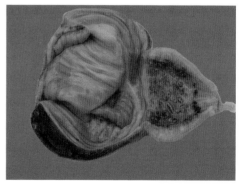

腺胃型：腺胃乳头消失，腺胃出血

生殖道型：早期感染引起的水裆鸡

生殖道型：软壳蛋、白壳蛋、畸形蛋等增多

生殖道型：蛋壳粗糙、陈旧、变薄，颜色变浅或发白

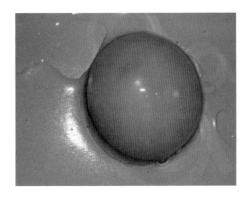

生殖道型：蛋清稀薄如水

生殖道型：输卵管发育不全

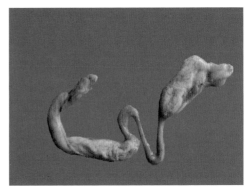

生殖道型：雏鸡感染导致输卵管发育异常

生殖道型：卵泡发育虽然正常，但输卵管囊肿，内积存大量液体

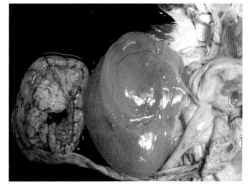

生殖道型：输卵管出血、囊肿

生殖道型：输卵管囊肿，如袋状，卵泡出血

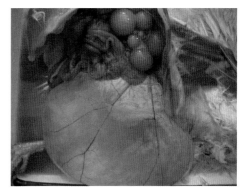

生殖道型：输卵管囊肿，内有大量积液

生殖道型：输卵管积液

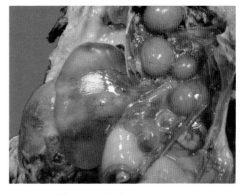

生殖道型：输卵管囊肿，内有积液

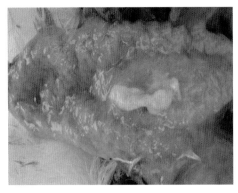

生殖道型：输卵管水肿，内有黄色干酪样物

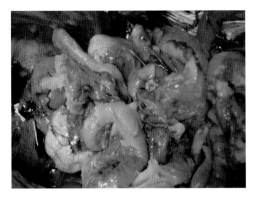

生殖道型：卵黄破裂后掉入腹腔形成卵黄性腹膜炎

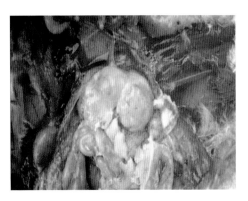

生殖道型：卵黄变性如煮熟样

生殖道型：肾脏肿大，输尿管内沉积大量尿酸盐

五、传染性喉气管炎

★概述

传染性喉气管炎（infectious laryngotracheitis，ILT）是由喉气管炎病毒（infectious laryngotracheitis virus，ILTV）引起的鸡的一种急性呼吸道疾病。本病以呼吸困难、气喘、咳嗽、咳出血痰为临床特征，以喉部和气管黏膜肿胀、出血、糜烂、坏死为病理特征。

本病1925年首次报道于美国，我国有些地方呈地方流行，近几年本病发生率呈上升趋势，常引起鸡只死亡和产蛋率下降，给养鸡业造成巨大的经济损失。

★病原

传染性喉气管炎病毒属于疱疹病毒科α疱疹病毒亚科，ILTV只有一个血清型，呈球形，有囊膜，核衣壳为二十面体立体对称，为双股线性DNA，ILTV对鸡和其他常用实验动物的红细胞无凝集特性。病毒不耐热，对一般的消毒剂都敏感。

★流行病学

传染源：病鸡和康复后的带毒鸡是主要传染源。

传播途径：经上呼吸道及眼内传染，也可以经消化道传染。本病虽不垂直传播，但种蛋及蛋壳上的病毒感染鸡胚后，鸡胚在出壳前均会出现死亡。

易感动物：主要侵害鸡，各日龄的鸡均可感染，但多发生于成年鸡，青年鸡次之，雏鸡不明显。野鸡、孔雀、幼火鸡也可感染，而其他禽类和实验动物有抵抗力。

传播媒介：康复鸡可长期排毒，被带病毒的分泌物污染过的垫草、饲料、饮水及用具等均可成为本病的传播媒介。

本病四季均可发生，秋冬季节多发，发病后传播速度快，2~3 d波及全群，感染率可达90%，致死率5%~70%不等，平均10%~20%，产蛋高峰期病死率相对偏高。

若鸡群饲养管理不良如饲养密度过大、拥挤、鸡舍通风不良、维生素缺乏、存在寄生虫感染等都可以促进本病的发生与传播。

临床发现：目前本病流行呈地方性，发病呈上升趋势，多与慢性呼吸道病、大肠杆菌病等疾病混合感染致使病症更为复杂，60~110日龄蛋鸡和南方的散养鸡发病率较高，散养鸡发病具有规律性，闷热潮湿的环境中发病率较高。

★临床症状

临床上分为喉气管型（急性型）和结膜型（温和型）。

1.喉气管型（急性型）

喉气管型（急性型）是高度致病性病毒株引起的，病程5~7 d，多发生于产蛋高峰蛋鸡，肉鸡也见发病。

鸡冠及肉髯呈暗紫色，死亡鸡体况较好，多因窒息死亡，死亡时多呈仰卧姿势。

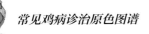

鼻腔内有分泌物，呼吸时发出湿性啰音，接着呼吸困难，抬头伸颈，并发出响亮的喘鸣声，一呼一吸而呈波浪式的起伏。

咳嗽或摇头时，咳出血痰，血痰常附着于墙壁、水槽、食槽或鸡笼上等处。

部分病鸡肿脸、肿头、流泪、拉绿色粪便。

产蛋率急剧下降，畸形蛋、砂壳蛋、软壳蛋等增多。

2.结膜型（温和型）

结膜型（温和型）是低致病性病毒株引起的，病程2~3周，呈地方流行性。

产蛋期蛋鸡和散养鸡发病率较高，多与大肠杆菌病、慢性呼吸道病混合感染，引起单侧或双侧面部肿胀。

病鸡精神委顿，不愿走动，呼吸困难，张口伸颈呼吸，眶下窦肿胀，眼结膜红肿，流泪，眼分泌物从浆液性到脓性，甚至内有黄白色干酪样物，眼盲。

蛋鸡发病后产蛋率下降，很难恢复到正常水平，蛋品质较差，如畸形蛋增多等。

★病理变化

1.喉气管型（急性型）

以喉和气管黏膜充血、出血为主要病理特征。

鼻腔出血，渗出物中带有血凝块或纤维性干酪样物，鼻腔和眶下窦黏膜发生卡他性或纤维素性炎。

喉头和气管黏膜肥厚、高度潮红、出血或增生，内有黏液性分泌物。严重时喉头及气管内有纤维素性干酪样假膜，呈灰黄色附着于喉头周围，堵塞喉腔和气管，特别是堵塞喉裂部，干酪样物脱落后，黏膜急剧充血，轻度增厚，点状或斑状出血。炎症也可扩散到支气管、肺、气囊、眶下窦等。

蛋鸡卵巢异常，卵泡充血、出血、变性、坏死等。

2.结膜型（温和型）

有些病例单独侵害眼结膜，结膜充血、水肿、点状出血或角膜溃疡；有的则与喉头、气管病变合并发生；有些病鸡的眼睑特别是下眼睑发生水肿。

★防治措施

1.预防

免疫接种是预防传染性喉气管炎的关键措施。有效的生物安全体系是防止本病流行的有效办法，封锁疫点是成功控制本病的关键。

2.治疗方案

发病鸡采用传染性喉气管炎疫苗紧急接种，建议每1 000只配合庆大霉素4万～8万IU滴鼻点眼。

（1）抗微生物药饮水或拌料，控制细菌继发感染，可配合干扰素、蜂毒肽、转移因子、白介素使用。

（2）采用清热解毒、豁痰、通利咽喉的中药制剂治疗。

【处方1】喉炎净散

板蓝根840 g，蟾酥80 g，合成牛黄60 g，胆膏120 g，甘草、玄明粉各40 g，青黛24 g，冰片28 g，雄黄90 g。

【用法与用量】0.05～1.5 g/只。

【处方2】镇喘散

香附、干姜各300 g，黄连200 g，桔梗150 g，山豆根、甘草各100 g，皂角、合成牛黄各40 g，蟾酥、雄黄各30 g，明矾50 g。

【用法与用量】0.5～1.5 g/只。

【处方3】呼炎康散

麻黄24 g，苦杏仁、桔梗、连翘各50 g，生石膏90 g，甘草、黄芩各60 g，板蓝根、鱼腥草各80 g，山豆根、射干各75 g。

【用法与用量】内服，每1 kg体重1 g，连用5 d。

【处方4】镇咳涤毒散

麻黄150 g，甘草、穿心莲、山豆根、蒲公英、板蓝根、生石膏各100 g，连翘70 g，黄芩50 g，黄连30 g。

【用法与用量】混饲，每1 kg饲料8 g。

【处方5】加减清肺散

板蓝根150 g，金银花、百部、玄参、浙贝母、陈皮各50 g，连翘、紫菀、苍术各70 g，黄芪、山豆根、葶苈子、黄柏、泽泻各100 g，知母90 g，桔梗80 g。

【用法与用量】混饲，每1 kg饲料20 g。

【处方6】银翘清肺散

金银花、甘草各10 g，连翘、陈皮、葶苈子、麻黄各20 g，板蓝根、玄参各30 g，紫菀、黄芪、黄柏各15 g。

【用法与用量】混饲，每1 kg饲料2 g，连用3～6 d。

【处方7】桔梗栀黄散

桔梗60 g，山豆根、苦参各30 g，栀子、黄芩各40 g。

【用法与用量】2～3 g/只。

【处方8】麻黄、知母、贝母、黄连各30 g，桔梗、陈皮各25 g，紫苏、杏仁、百部、薄荷、桂枝各20 g，甘草15 g。

【用法与用量】水煎3次，合并药液，供100只成鸡混饮，1剂/d，连用3剂。

【应用】用本方治疗鸡传染性喉气管炎，治愈率98％，预防保护率100％。治愈后的蛋鸡能很快恢复产蛋率。

（3）个别严重病例，采用银黄注射液治疗：每1 kg体重0.1 mL，连用3 d。

病鸡不愿走动，呼吸困难

病鸡呼吸困难，眼睛周围肿胀，流泪

病鸡张口伸颈呼吸

结膜炎，眼结膜出血，鼻孔流出血性分泌物

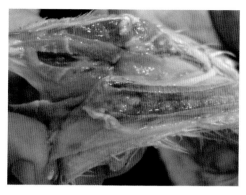

鼻腔出血，气管内有出血性渗出物

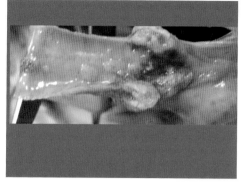

喉头及气管黏膜增生、出血

喉头和气管黏膜肥厚、增生，内有黏液

喉头和气管内有大量黏液

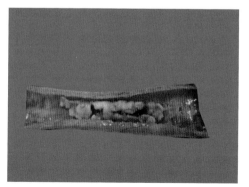

气管黏膜脱落形成黄白色管状物

气管内有大量黄色干酪样物

喉头被黄白色物堵塞

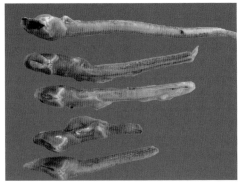

干酪样假膜附着于喉头，引起堵塞

气管出血，黄色干酪样物堵塞喉头

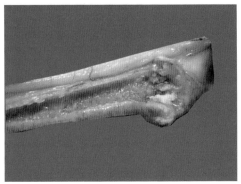

喉头被黄色干酪样物堵塞，气管内有脱落的黏膜组织

喉头和气管腔内充满黄色干酪样物

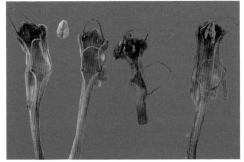

喉头及气管出血，干酪样假膜堵塞喉头

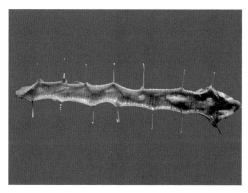

喉头及气管内有脓性分泌物

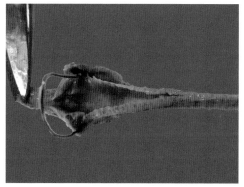

喉头黏膜水肿、出血

喉头、气管黏膜增生，类似假膜

喉头、气管出血，内有血凝块

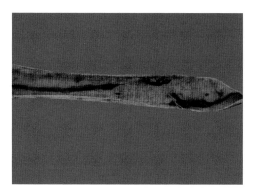

气管内有血凝块

气管内取出的血样黏条

六、禽痘

★概述

禽痘（fowlpox，FP）是由禽痘病毒（fowlpox virus，FPV）引起禽类的一种急性、热性、高度接触性传染病，以皮肤痘疹或上呼吸道、口腔和食管黏膜形成纤维素性坏死和增生性病灶为特征。目前禽痘零星发病，治疗难度大。

★病原

禽痘病毒属痘病毒科禽痘病毒属，FPV是其代表种，是动物病毒中最大的病毒。所有的禽痘病毒形态相似，成熟的病毒颗粒呈砖形，有囊膜，基因组为线状双股DNA。FPV具有血凝性，常以马的红细胞用作血凝或血凝抑制试验。

★流行病学

传染源：病鸡是主要传染源。

传播途径：一般通过蚊虫叮咬和破损的皮肤或黏膜感染，而脱落的痘痂是散布病毒的主要方式。

易感动物：不同品种、日龄的鸡及野鸟均可感染，雏鸡多发且病情严重，死亡率高。

本病四季都可发生，夏秋季多发皮肤型，冬季以黏膜型为主，两种以上类型混合感染居多，发病率10%～70%，死亡率在20%以内。我国南方气候潮湿、蚊虫多更易发病，病情更为严重。

某些不良因素如拥挤、通风不良、阴暗、潮湿、体外寄生虫病存在、啄癖或外伤、饲养管理不善或饲养配比不当等均可促使本病发生与流行或病情加剧。本病若与传染性鼻炎、大肠杆菌病、慢性呼吸道病、霉菌感染、新城疫等混合感染则会导致治疗难度大，死亡率上升。

★临床症状

临床分为四种类型，分别为皮肤型、黏膜型（白喉型）、眼鼻型、混合型。

1.皮肤型

特征为在身体无毛部位，如冠、肉髯、嘴角、眼睑、腿、泄殖腔和翅的内侧等部位形成一种特殊的痘疹。最初痘疹为细小的灰色麸皮状，随后体积迅速增大，形成灰色或灰白色如豌豆大的结节，痘疹表面凹凸不平，结节坚硬而干燥，内含黄脂状糊块，很多结节相互融合，最后形成棕黑色的痘痂，突出于皮肤表面，脱落后形成一个平滑的灰白色疤痕而痊愈。

病重雏鸡精神萎靡，食欲减退，消瘦甚至死亡；蛋鸡产蛋减少或停止。

2.黏膜型（白喉型）

雏鸡多发，一般死亡率在5%以上。

前期呈鼻炎症状，口腔、咽、喉、鼻腔、食管黏膜、气管及支气管等处形成黄白色小结节，逐渐增大相互融合，形成黄白色干酪样假膜（俗称白喉），假膜为坏死的黏膜和炎性渗出物凝固组成。后期因假膜阻塞口腔和咽喉部，造成呼吸和吞咽困难，死于饥饿或窒息。

3.眼鼻型

常伴黏膜型发生，多与大肠杆菌病、慢性呼吸道病混合感染。

病鸡眼和鼻孔中流出水样液体，后变成淡黄色浓稠的脓液；病程稍长时，眶下窦有炎性渗出物蓄积，眼睑肿胀，结膜充满脓性或纤维性蛋白渗出物，部分病鸡出现结膜炎、角膜炎、失明等。

4.混合型

同时发生两种及以上的类型，一般病情严重，死亡率高，以上不同类型的症状均可出现。

★病理变化

1. 皮肤型

特征病变是局部表皮及其下层的毛囊增生形成结节，结节坚硬而干燥，切开结节内面出血、湿润，结节脱落后形成疤痕。

2.黏膜型（白喉型）

口腔、咽喉、气管或食管黏膜上形成黄白色小结节，后形成黄白色干酪样假膜，假膜可以剥离，剥离后气管表面呈浅红色出血。有时喉头黏膜增生致使喉裂狭窄导致阻塞喉头。当病情危害到支气管时引起肺炎。

3.眼鼻型

眼结膜发炎、潮红，切开肿胀的眶下窦，内有炎性渗出物蓄积；切开眼部肿胀部位，可见黄白色干酪样凝固物。

4.混合型

出现两种或两种以上类型的病理变化。

★防治措施

1.预防

疫苗接种是预防本病最有效的方法。加强饲养管理，搞好环境卫生和消毒工作，饲养密度适中，通风良好，避免蚊虫叮咬及各种原因引起的啄癖或机械性外伤等措施可以降低发病率。

2.治疗方案

目前治疗禽痘尚无特效药物，但采取疫苗紧急接种和中西医结合原则治疗有效。对剥离的痘痂、假膜等集中销毁，以防病毒的扩散。

（1）发病后用鸡痘鹌鹑化弱毒疫苗4倍量紧急刺种。

（2）疫苗接种24 h后，抗微生物药饮水或拌料控制细菌的继发感染。饮水中添加优质鱼肝油或复方维生素纳米乳口服液及蜂毒肽、干扰素、白介素或转移因子等利于本病的康复。

（3）中药制剂治疗。

【处方1】金银花、连翘、板蓝根、赤芍、葛根各20 g，蝉蜕、甘草、桔梗、竹叶各10 g。

【用法与用量】水煎取汁，供100只鸡混饲或混饮，连用3 d。

【应用】用于混合型鸡痘。

【处方2】板蓝根75 g，麦冬、生地黄、牡丹皮、连翘、莱菔子各50 g，知母25 g，甘草15 g。

【用法与用量】水煎制成1 000 mL药液，供500只鸡拌料混饲或灌服。

【应用】用于黏膜型鸡痘。

【处方3】栀子、甘草各100 g，牡丹皮、黄芩、山豆根、苦参、白芷、皂角、防风各50 g，金银花、黄柏、板蓝根各80 g。

【用法与用量】按每只鸡每天0.5～2 g水煎取汁，拌料混饲，连用3～5 d。

【应用】用于皮肤型鸡痘。

【处方4】金银花、板蓝根、牡丹皮、防风、黄芩各70 g，栀子90 g，山豆根、黄柏、甘草各80 g，白芷、紫草各60 g，桔梗、葛根各50 g，升麻100 g。

【用法与用量】共为细末，按每只鸡1～2 g投服或拌料喂服。

【应用】用本方治疗鸡痘1 300只，其中皮肤型980只，黏膜型320只，总治愈率分别为98%和95%，一般用药2～4 d即愈。

皮肤型：眶下窦肿胀，眼睛周围形成痘疹

皮肤型：鸡冠上形成痘斑

皮肤型：鸡冠上形成黑色痘斑

皮肤型：肉髯、鸡冠及眼等处形成痘斑

皮肤型：肉髯、鼻端、口、眼等处形成痘斑

皮肤型：腹部皮肤形成痘斑

皮肤型：爪部痘斑严重突出

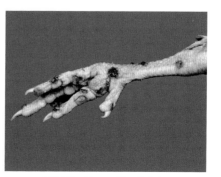

皮肤型：胫、爪部形成痘斑

黏膜型：病鸡伸颈张口呼吸

黏膜型：黄白色假膜堵塞喉头

黏膜型：假膜布满喉头

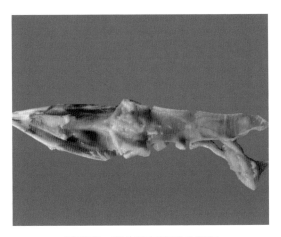

黏膜型：喉头及气管形成痘斑

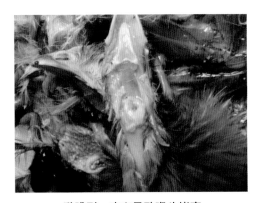

黏膜型：痘斑导致喉头堵塞

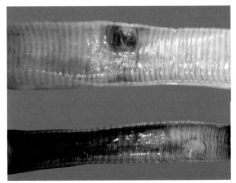

黏膜型：气管内形成假膜，凸出于气管表面

黏膜型：腭裂和喉头形成痘斑

黏膜型：腭裂及口角形成痘斑

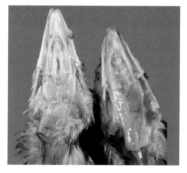

黏膜型：口角及上颌形成痘斑

黏膜型：结膜形成痘斑

眼鼻型：病情严重时导致失明

混合型：无毛处形成痘疹，失明

混合型：上颌形成黄白色痘疹

混合型：眼部肿胀，眼盲

七、马立克病

★概述

马立克病（Marek's disease，MD）是最常见的一种淋巴组织增生性疾病，以外周神经和包括虹膜、皮肤在内的各种器官和组织的单核性细胞浸润为特征，传染性强，毒力极强的马立克病毒，给本病的防制带来了新的问题。

★病原

马立克病毒（Marek's disease virus，MDV）是一种细胞结合性病毒，所有的MDV血清型均属于α疱疹病毒亚科马立克病毒属。该属有3个血清型，禽疱疹病毒2型（血清1型）对鸡致病致瘤，禽疱疹病毒3型（血清2型）和火鸡疱疹病毒1型（血清3型）无致瘤性。根据MDV毒株致病性不同分为温和型毒株（mMDV）、强毒型毒株（vMDV）、超强毒型毒株（vvMDV）和超超强毒型毒株（vv+MDV）。MDV一般是指血清1型病毒，基因组为线状双股DNA，带囊膜的病毒粒子直径为150～160 nm，圆形或卵圆形，病毒核衣壳呈六角形。

★流行病学

传染源：病鸡和带毒鸡是主要传染源。

传播途径：病毒通过直接或间接接触经气源传播。

易感动物：自然宿主是鸡，其他禽很少发生，肉鸡易感性大于蛋鸡。

感染鸡的不断排毒和病毒对环境的抵抗力增强是本病不断流行的原因。

病毒主要侵害雏鸡，日龄越小感染性越强，一般雏鸡阶段感染，育成期以后发病，发病主要集中在2～5月龄的鸡。本病会造成免疫抑制，一般来说发病率和死亡率几乎相等，一旦发病应立即淘汰。

临床发现：因毒力极强的马立克病毒的存在致使发病日龄提前，30～50日龄可发病（多见于肉鸡、土杂鸡）。

★临床症状

临床分为神经型、内脏型、眼型和皮肤型四种类型。

1.神经型

以侵害坐骨神经常见，病鸡步态不稳，病初不全麻痹，后期则完全麻痹，蹲伏或一腿前伸另一腿后伸。

颈部神经受侵害时，病鸡发生头下垂或头颈歪斜；臂神经受侵害时则被侵侧翅膀下垂；迷走神经受侵害时，可引起失声、呼吸困难和嗉囊扩张。

病鸡因饥饿、腹泻、脱水、消瘦，最终衰竭而死。

2.内脏型

病鸡精神委顿，冠苍白，蹲伏，不食，脱水，腹泻，消瘦，甚至昏迷，单侧或双侧肢体麻痹，触摸腹部有坚实的块状感。

3. 眼型

病鸡虹膜褪色，由橘红色变为灰白色，称为"灰眼病"。瞳孔边缘不整齐，瞳孔缩小，视力丧失。

单眼失明的病程较长，最终衰竭而死。

4.皮肤型

病鸡羽囊肿大，皮肤上有米粒至蚕豆大的结节及瘤状物。

★病理变化

1. 神经型

受侵害的神经比正常的肿大2～3倍，呈水煮样，神经上面有小的结节，使同一条神经变得粗细不匀，神经纹消失，神经的颜色也由正常的银白色变为灰白色或灰黄色。

2.内脏型

卵巢、睾丸、肝脏、脾脏、肾脏、心脏、肺脏、虹膜、腺胃、肠及肠系膜等处形成大小不等、形状不一的灰白色肿瘤结节，结节质地较硬，切面呈灰白色。

部分病例为弥漫性肿瘤，无明显的肿瘤结节，受害器官高度肿大。

法氏囊不发生肿瘤，法氏囊和胸腺有不同程度的萎缩。

3. 眼型

病变与生前所见相同。

4.皮肤型

皮肤有大小不等、高低不平的肿瘤结节，有的破溃、坏死等。

★ 鉴别诊断

本病与白血病（LL）和非法氏囊型网状内皮组织增殖病（RE）的鉴别诊断见表2。

表2　马立克病（MD）与白血病（LL）、非法氏囊型网状内皮组织增殖病（RE）的鉴别诊断

病名		MD	LL	RE
发病年龄	高峰	2～7月龄	4～10月龄	2～6月龄
	限制	>1月龄	>3月龄	>1月龄
临诊症状	麻痹	常见	无	少见
眼观变化	肝脏肿瘤	常见	常见	常见
	神经肿瘤	常见	无	常见
	皮肤肿瘤	常见	少见	少见
	法氏囊肿瘤	少见	常见	少见
	法氏囊萎缩	常见	少见	常见
	肠道肿瘤	少见	常见	常见
	心脏肿瘤	常见	少见	常见
组织学变化	多形性细胞	是	不是	是
	均一的成淋巴细胞	不是	是	不是
	法氏囊肿瘤	滤泡间	滤泡内	少见
	法氏囊萎缩	常见	少见	常见
表面抗原	MATSA	5%～40%	无	无
	IgM	<5%	91%～99%	未知
	B细胞	3%～25%	91%～99%	少见
	T细胞	60%～90%	少见	常见

注：法氏囊型网状内皮组织增殖病的特点基本与白血病的相同。

★ 防治措施

疫苗接种是防治本病的关键，以防止出雏室和育雏室早期感染为中心的综合性防治措施对提高免疫效果和减少损失亦起重要作用，而选择生产性能好的抗病品系鸡是未来防治本病的研究方向。发病鸡应及早淘汰，没有任何治疗价值。

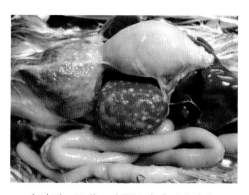

内脏型：肠道、腺胃及脾脏形成肿瘤

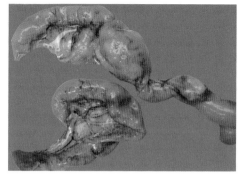

内脏型：肠及肠系膜形成肿瘤结节

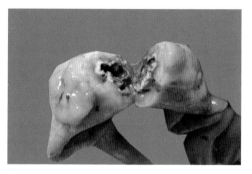

内脏型：肠道弥漫性肿瘤结节，肠管增厚，肠腔变窄

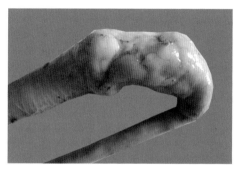

内脏型：肠黏膜弥漫性肿瘤增生，填满肠腔

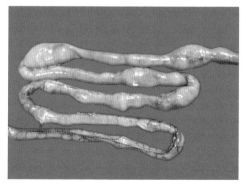

内脏型：肠道多处形成肿瘤

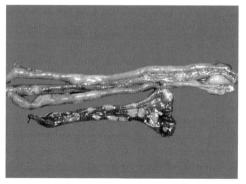

内脏型：盲肠和直肠形成白色肿瘤

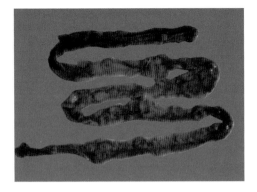

内脏型：肠黏膜形成大小不一的肿瘤

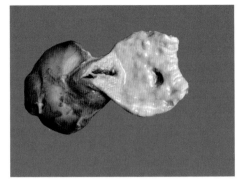

内脏型：腺胃形成肿瘤，呈火山口样病变

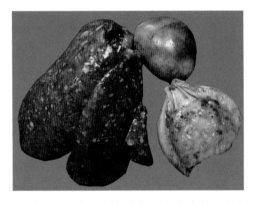

内脏型：肝脏弥漫性肿瘤；脾脏肿大，肿瘤呈白色；腺胃出血、乳头消失，胃壁增厚

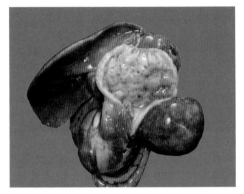

内脏型：脾脏肿大、出血，多发性肿瘤结节；腺胃出血，增生性肿瘤

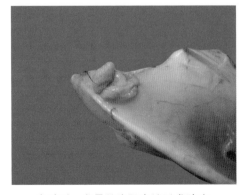

内脏型：龙骨处胸肌末端形成肿瘤

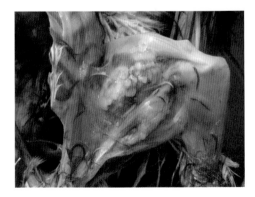

内脏型：腿内侧肌肉形成肿瘤

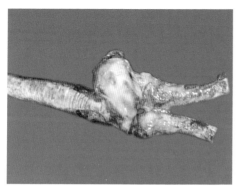

内脏型：喉头形成肿瘤

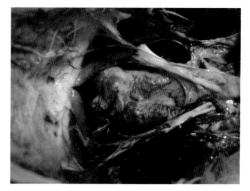

内脏型：支气管形成肿瘤

内脏型：肺脏形成灰白色密集的肿瘤

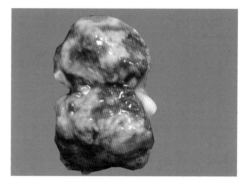

内脏型：肺脏出血，弥漫性肿瘤融合成块

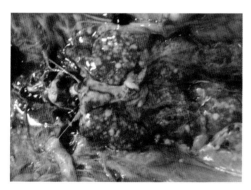

内脏型：肾脏形成白色密集的肿瘤

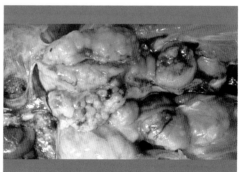

内脏型：肾脏及卵巢肿瘤增生

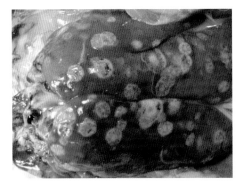

内脏型：肝脏形成大小不一的肿瘤，有的融合成片，肝脏的体积明显增大

内脏型：初期肝脏表面稀疏分布大小不一的肿瘤

内脏型：后期肝脏形成大小不一的白色肿瘤，凸出于肝脏表面

内脏型：肝脏高度肿大（俗称大肝病），弥漫性肿瘤增生

内脏型：肝脏弥漫性肿瘤

内脏型：肝脏出血，增生性肿瘤

内脏型：肝脏形成多发性巨大肿瘤

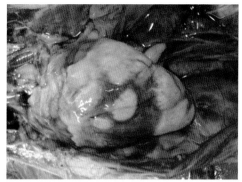

内脏型：心脏形成大小不一的黄白色肿瘤

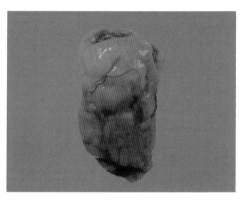

内脏型：心肌形成增生性肿瘤

内脏型：脾脏肿大，形成豌豆粒大小的白色肿瘤

内脏型：左侧脾脏高度肿大，右侧为正常脾脏

内脏型：卵巢增生呈菜花状

内脏型：卵巢变性，肿瘤增生

内脏型：卵巢变性，卵巢与肾脏肿瘤增生

内脏型：睾丸高度肿大

神经型：病鸡瘫痪，卧地不起，呈劈叉状

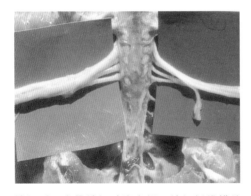

神经型：坐骨神经肿胀变粗，神经纤维横纹
消失，神经呈白色或黄白色

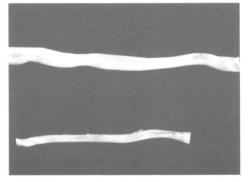

神经型：坐骨神经肿胀变粗，神经纤维横纹
消失，神经呈白色或灰黄色（下为正常组对照）

皮肤型：肉髯形成肿瘤结节

皮肤型：腿部无毛皮肤处形成肿瘤结节

皮肤型：皮肤密布大小不一的肿瘤结节

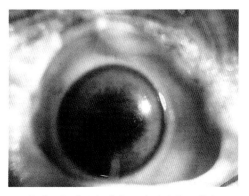

眼型：虹膜呈灰黄色，瞳孔边缘不整齐

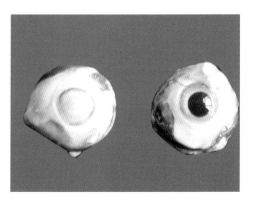

眼型：失明，瞳孔呈锯齿状

眼型：虹膜褪色，失明

八、鸡病毒性关节炎

★概述

鸡病毒性关节炎（avian viral arthritis syndrome，AVAS）是由呼肠孤病毒（avian reovirus，ARV）引起鸡的以关节炎和腱滑膜炎为特征的一种急性病毒性传染病，又名传染性腱鞘炎、腱滑膜炎等。

本病主要发生于肉仔鸡，蛋鸡也可发病。病鸡因运动障碍导致生长迟缓，产蛋率下降，淘汰率增加，给养鸡业带来极大的经济损失。

★病原

禽呼肠孤病毒属于呼肠孤病毒科正呼肠孤病毒属。病毒粒子无囊膜，呈二十面体对称，有双层衣壳结构，直径约75 nm， 其基因组由10个节段的双链RNA构成。病毒可引起关节炎、腱鞘炎、生长迟缓、心包炎、心肌炎、心包积水、肠炎、肝炎、法氏囊和胸腺萎缩、骨质疏松以及急慢性呼吸道疾病。

★流行病学

传染源：病鸡和带毒鸡是主要传染源。

传播途径：经呼吸道和消化道感染，也可垂直传播（经种蛋感染）。

易感动物：鸡和火鸡是本病的宿主，肉鸡最易感，鸟类也可感染。

各日龄的鸡均可发病，4～6周龄鸡多发，肉鸡发病率高、病死率高。某些疾病如球虫病、传染性法氏囊病等感染时可增强呼肠孤病毒的致病性，而呼肠孤病毒也可加重鸡传染性贫血病毒、大肠杆菌和新城疫病毒等其他病原体引起的疾病。

★临床症状

临床分为腱鞘炎型和败血型两种类型。

1.腱鞘炎型

以关节炎、腱鞘炎为特征。

急性发病鸡单侧或双侧性跗、趾关节肿胀。

慢性发病鸡跖骨歪曲，趾向后屈曲，步态不稳，跛行或单侧跳跃，不愿走动，喜坐在关节上，导致顽固性跛行，因运动障碍，无法摄取营养和水分，衰竭而死。

2.败血型

病鸡精神委顿，全身发绀，脱水，鸡冠齿端软而下垂，呈紫色；产蛋鸡感染后，产蛋率下降10%～20%。

★病理变化

急性病例：跗关节周围肿胀，腓肠肌腱、趾屈肌腱和跖伸肌腱肿胀，关节腔有混浊的渗出液或充满淡红色透明黏液。

慢性病例：特征是腱鞘硬化和粘连。腓肠肌腱增厚、硬化、纤维化或关节周围组织与滑膜脱离，易发生腓肠肌腱断裂，因肌腱断裂，局部组织呈明显的血液浸润，关节腔中淡红色关节液增加或关节腔内渗出物较少，关节软骨糜烂，滑膜出血、坏死等。

★鉴别诊断

葡萄球菌病：病鸡多个关节肿胀和化脓，特别是跖、跗关节肿大，呈紫红色或紫黑色，破溃后形成黑色痂块，病鸡的关节液或内脏可检查出葡萄球菌。

滑液囊支原体病：将关节渗出液接种于鸡胚卵黄内，接种4～10 d死亡的鸡胚水肿、出血，肝、脾、肾肿大，肝脏有坏死灶，绒毛尿囊膜有小出血点，检出的病原体是支原体；病鸡采用支原净、多西环素等抗生素治疗有效则是滑液囊支原体病，无效则是病毒性关节炎。

★防治措施

本病尚无有效的治疗方法，免疫接种是预防本病的主要手段，若发现病情，可将病鸡集中隔离饲养，症状严重的及时淘汰，以免扩大感染面，在换群的间歇期，对鸡舍进行彻底清扫和严格消毒，以免下一次进雏后再次感染本病。

病鸡运动障碍，如瘫痪

病鸡瘫痪，卧地不起

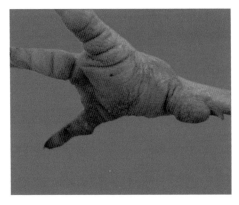

趾掌关节肿胀

跗关节、趾关节形成隆起的结节

跗关节及周围肿胀

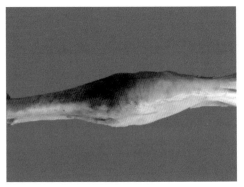

跗关节水肿、出血

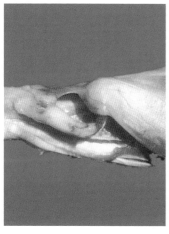
肌腱肿胀、出血、坏死和断裂

肌腱出血

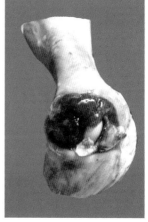
肌腱断裂

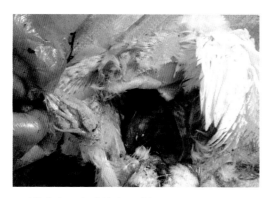
跗关节皮下有脓性或干酪样物，周围组织粘连

跗关节皮下有血性渗出物，粘连

九、禽脑脊髓炎

★概述

　　禽脑脊髓炎（avian encephalomyelitis，AE）是由禽脑脊髓炎病毒（avian encephalomyelitis virus，AEV）引起的一种地方流行性传染病，又名流行性震颤。雏鸡以腿软无力、运动失调和头颈部震颤为特征，成年鸡感染后通常没有明显症状。近几年我国本病的发生率极低。

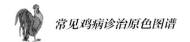
★病原

禽脑脊髓炎病毒属小RNA病毒科震颤病毒属。AEV无囊膜，病毒粒子直径24～32 nm，基因组为单股RNA。该病毒只有1个血清型，病毒对环境的抵抗力极强，传染性可保持很长时间。

★流行病学

传染源：病鸡和带毒鸡是主要传染源。

传播途径：垂直传播是主要传播方式，感染母鸡可通过种蛋传播，部分在孵化过程中死亡，部分雏鸡在1～20日龄内死亡。被病毒污染的饲料、饮水、器械、垫料、孵化器等均可成为传播的来源，经消化道传播。

易感动物：鸡、雉、鹌鹑、火鸡和珍珠鸡等可自然感染，鸡最易感。

传播媒介：垫料等污染物是主要传播媒介。

经垂直传播的雏鸡潜伏期1～7 d，水平传播的潜伏期12～30 d；鸡胚阶段感染，出壳后发病；一般1～3周龄雏鸡多发，发病率在60%～80%，病死率在30%～60%；火鸡感染但症状不明显；蛋鸡产蛋率下降，畸形蛋、小蛋增多等。

★临床症状

雏鸡以共济失调、两腿麻痹和头颈部震颤为特征。

病初精神沉郁，目光呆滞，角膜混浊，失明，步态不稳，趾向外侧弯曲，拍打翅膀或以跗关节着地向前移动，随后倒地侧卧，震颤明显，受惊吓或人工刺激时可激发震颤，严重时伴有衰弱的呻吟，终因饮食受困，衰竭而死。

蛋鸡产蛋期感染多无明显症状，产蛋率暂时性下降，但不出现神经症状。

★病理变化

腺胃、肌胃的肌层及胰腺中有许多淋巴细胞团块浸润所形成的白色小灶，比针尖略大。脑膜充血、出血，小脑软化出血、水肿、积液等。

★防治措施

鸡脑脊髓炎弱毒苗和灭活苗接种是预防的最佳手段。严格落实生物安全措施，严禁从发病种鸡场引种，搞好环境卫生，做好消毒工作。种鸡感染本病后1个月内产的蛋不得孵化，对发病鸡应挑出淘汰，全群用抗AE的卵黄抗体做肌内注射，每只雏鸡0.5～1 mL，每日1次，连用2 d。

本病发病后可按照对症治疗的原则进行治疗，如碳酸氢钠饮水减少脑内压；维生素 C、维生素 E、维生素 K_3 减少细胞渗出、止血；白介素、干扰素、蜂毒肽、转移因子等饮水，采用清热解毒中药煎煮后饮水，如鱼腥草、板蓝根、穿心莲叶各9 g，0.5～3.0 g/只。

病鸡强烈痉挛，头向后仰，头颈偏扭，共济失调

病鸡瘫痪，头部震颤

病鸡所产种蛋孵化后，雏鸡瘫痪，站立不稳，死胚多

早期感染引起失明

康复鸡眼晶状体颜色变浅，瞳孔扩大，失明

角膜混浊

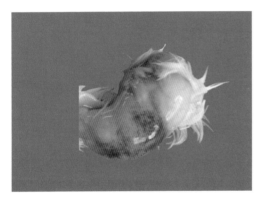

脑膜出血

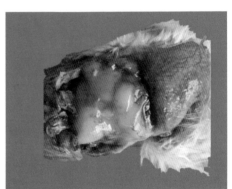

小脑软化

病鸡所产种蛋孵化后，死胚多，毛蛋多

十、禽白血病

★概述

禽白血病（avian leukosis，AL）是由禽反转录病毒属成员引起的禽类多种肿瘤性疾病的统称。本病会引起严重的免疫抑制，临床以淋巴白细胞病最为常见，发病率呈上升趋势，几乎波及所有的商品鸡群，蛋鸡产蛋率及蛋品质下降，一旦感染，没有任何治疗价值。白血病已经给养鸡业造成了严重的经济损失。

★病原

禽白血病病毒（avian leukosis virus，ALV）属于反转录病毒科α反转录病毒属，该科病毒的特征是具有反转录酶，病毒的成员有相似的物理和分子特性，并有共同的群特异抗原。病毒粒子直径80～120 nm，平均90 nm，有囊膜，近球形，病毒粒子表面有直径8 nm的特征性球状纤突，为单股RNA病毒。

★流行病学

传染源：病鸡和带毒鸡是主要传染源。

传播途径：垂直传播为主，也可水平传播。感染病毒的种鸡经蛋排毒给鸡胚，使初生雏鸡感染，使其终身带毒。

易感动物：自然情况下感染鸡，日龄越小越易感。

本病多发生于4～10月龄的鸡，常引起免疫抑制，而寄生虫病、维生素缺乏、管理不良等因素都可诱发本病。

★临床症状

临床中分为淋巴细胞性白血病、成红细胞性白血病、成髓细胞性白血病、骨髓细胞瘤病、骨硬化病等类型，以淋巴细胞性白血病最为普遍。

1.淋巴细胞性白血病

本病是最常见的一种病型，14周龄以后开始发病，在性成熟期发病率最高。

病鸡精神委顿，鸡冠及肉髯苍白、皱缩，偶见发绀，全身衰弱，食欲减退或废绝，腹泻，进行性消瘦和贫血，衰竭而死。

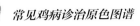

蛋鸡产蛋停止，腹部常明显膨大，用手按压可摸到肿大的肝脏。

2.成红细胞性白血病

分为增生型和贫血型，此病比较少见，常发生于6周龄以上的高产鸡。病程从12 d到几个月不等。

病鸡消瘦、下痢，冠稍苍白或发绀，全身衰弱，嗜睡。

3.成髓细胞性白血病

此型很少自然发生。病鸡嗜睡、贫血、消瘦、毛囊出血，病程比成红细胞性白血病长。

4.骨髓细胞瘤病

此型自然病例极少见。其全身症状与成髓细胞性白血病相似。

5.骨硬化病

病鸡发育不良、苍白、行走拘谨或跛行，晚期病鸡的骨呈特征性的"长靴样"外观。

其他类型：如血管瘤、肾瘤、肾胚细胞瘤、肝癌和结缔组织瘤等，自然病例均极少见。

★病理变化

1.淋巴细胞性白血病

肝脏、脾脏、肾脏、法氏囊、心肌、性腺、骨髓、肠系膜和肺脏等多处有肿瘤结节或弥漫性肿瘤，肿瘤颜色从灰白色到淡黄白色，肿瘤大小不一；骨髓褪色呈胶冻样或黄色脂肪浸润。

2.成红细胞性白血病

贫血型和增生型均为全身性贫血，皮下、肌肉和内脏点状出血。

贫血型：内脏常萎缩，脾脏萎缩最严重，骨髓色淡呈胶冻样。

增生型：肝脏、脾脏、肾脏弥漫性肿大，呈樱桃红色到暗红色，有的剖面有灰白色肿瘤结节。

3.成髓细胞性白血病

骨髓坚实，呈红灰色至灰色，肝脏及其他内脏可见灰色弥散性肿瘤。

4.骨髓细胞瘤病

骨髓细胞瘤呈淡黄色，柔软脆弱或呈干酪状，呈弥散或结节状，且多两侧对称。

5.骨硬化病

骨干或骨干长骨端区有均一或不规则的增厚。

★防治措施

本病的控制尚无切实可行的方法，而建立无白血病的种鸡群是控制本病的最有效措施。平时加强饲养管理，对鸡舍孵化设备、种蛋、育雏环境等严格消毒，以减少种鸡群的感染率。

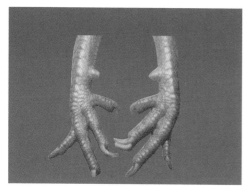

腿部变粗，呈石灰腿状

骨石症

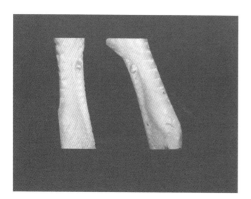

骨硬化病使胫骨呈"长靴样"

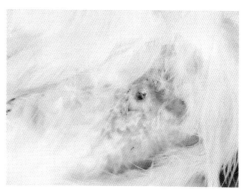

腹部易摩擦部位形成血囊肿，易破裂，常流血不止

爪部有血囊肿

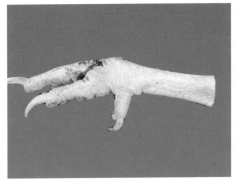

血囊肿破裂后，流血不止

胸骨前端形成血管瘤

眼部形成血管瘤

下腭部形成较大的血管瘤

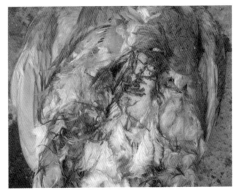

胸部形成血管瘤

甲状腺形成肿瘤

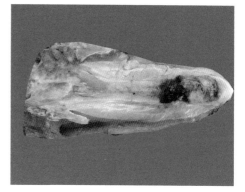

龙骨下末端形成血囊肿

血囊肿破裂后出血，可见血凝块

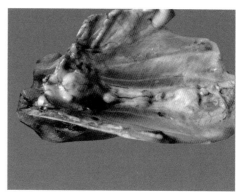

龙骨下形成较大的肿瘤

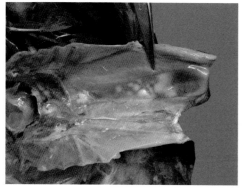

胸骨上形成大小不一的肿瘤

肝脏形成大小不一的白色肿瘤

肝脏肿大、出血，表面形成肿瘤结节

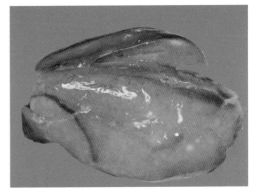

肝脏弥漫性肿大，表面形成肿瘤结节

肝脏高度肿胀，形成弥漫性肿瘤

肝脏形成弥漫性肿瘤，肿大，呈樱桃红色至暗红色

肝脏切面密布白色肿瘤

脾脏高度肿大，形成弥漫性肿瘤

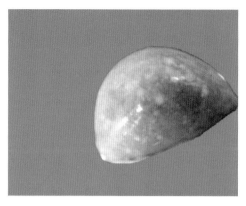

脾脏色淡，形成淡黄色肿瘤

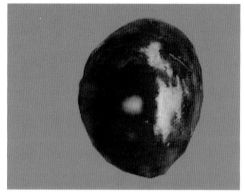

脾脏肿大，有灰白色肿瘤散在

脾脏高度肿大、坏死

脾脏肿大、出血，有白色肿瘤结节散在

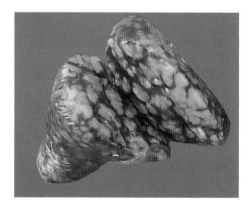

脾脏切面肿瘤布满实质

肾脏肿大、褪色，呈肉样变

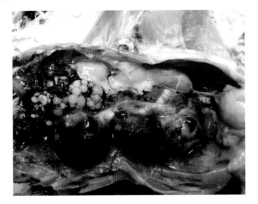

肾脏肿大、出血

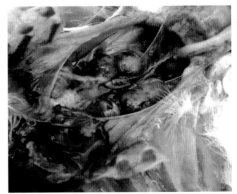

肾脏形成肿瘤结节

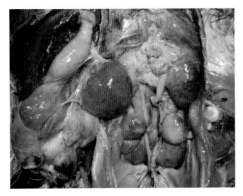

肾脏肿大,肾脏及卵巢形成肿瘤

肾脏形成弥漫性肿瘤,肿瘤大小不一,呈灰白色

法氏囊形成肿瘤,但不萎缩

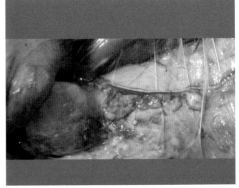

胸腺形成肿瘤结节

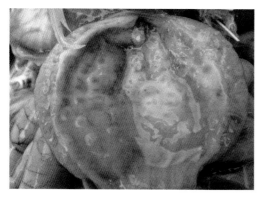

腺胃肿大，有大的肿瘤结节形成

肌胃、腺胃、肠系膜、肠道等处形成大小
不一的白色肿瘤结节

肌肉点状出血

腿部肌肉形成血管瘤

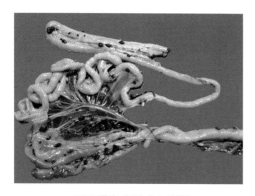

肠系膜多处形成血囊肿

气管内形成白色肿瘤结节

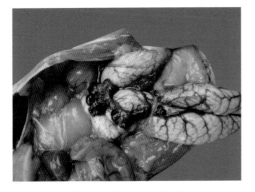

输卵管系膜形成血管瘤

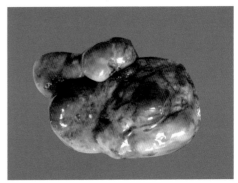

卵巢形成血管瘤

卵巢萎缩、变性、坏死

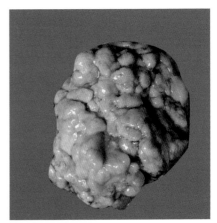

卵巢形成大小不一的肿瘤结节

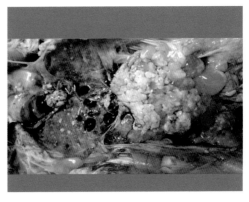

卵巢萎缩、变性、液化、坏死，肿瘤结节从灰
白色到淡黄白色，大小不一

十一、鸡传染性贫血病

★概述

鸡传染性贫血病（chicken infectious anemia，CIA）是由鸡传染性贫血病毒（chicken infectious anemia virus，CIAV）引起的以再生障碍性贫血、全身淋巴组织萎缩、皮下和肌肉出血及高死亡率为特征的一种免疫抑制性疾病，该病曾称为蓝翅病、出血性综合征或贫血性皮炎综合征。

本病主要引起雏鸡的免疫抑制和生长迟缓，易使鸡群对其他病原的易感性增高和使某些疫苗的免疫应答力下降，从而导致免疫失败，造成重大经济损失。

★病原

鸡传染性贫血病毒是圆环病毒科圆环病毒属的唯一成员。病毒为无囊膜、二十面体对称的病毒颗粒，呈球形，平均直径为25～26.5 nm，无血凝性，基因组为单链、圆环状、负链的共价闭合DNA。普遍认为只有一个血清型，对一般的消毒剂抵抗力较强。

★流行病学

鸡是唯一的自然宿主，各日龄的鸡都易感，主要发生在2～4周龄的雏鸡，其中1～7日龄雏鸡最易感。本病多为垂直感染，也可水平传播，但水平传播临诊症状不显著。发病率在20%～60%，残废率为5%～10%。传染性法氏囊病毒、马立克病毒、网状内皮组织增生症病毒及其他免疫抑制药物均可增强本病的传染性，降低母源抗体的抵抗力，从而增加鸡的发病率和病死率。

★临床症状

贫血是典型的临床特征。

病鸡精神沉郁，皮肤苍白，喙、肉髯和可视黏膜苍白，发育迟缓，消瘦，翅膀皮炎或蓝翅，全身点状出血，可能因继发坏疽性皮炎，2～3 d后开始死亡，濒死鸡腹泻。

★病理变化

单纯的传染性贫血最典型的症状是骨髓萎缩。

大腿骨的骨髓呈淡黄色或淡红色或脂肪色。

胸腺萎缩、充血，严重时胸腺完全退化。

法氏囊萎缩，呈半透明状，重量变轻，体积变小。

病情严重时，肝脏肿大、出血、质脆，有时黄染或有坏死灶；脾脏、肾脏肿大；骨骼肌、腺胃黏膜、心肌和皮下出血等。

★防治措施

本病目前没有特异性治疗方法，疫苗接种是预防本病的关键措施，平时加强卫生防疫，做好免疫抑制病的预防，加强对种鸡检疫，淘汰感染鸡，进鸡时做CIAV抗体检测，严格控制感染本病的鸡进入鸡场。

病鸡精神委顿，贫血

鸡冠苍白，贫血

肌肉贫血，翅下出血

皮下点状出血

十三、鸡包涵体肝炎

★概述

鸡包涵体肝炎（avian inclusion body hepatitis，IBH）又称为贫血综合征，是由禽腺病毒引起的一种急性传染病，其特征为突然发病，死亡率突然增加，贫血，黄疸，肝肿大、出血和坏死。本病1951年美国首次报道，我国也有发生，呈地方流行性。

★病原

包涵体肝炎病毒（inclusion body hepatitis virus，IBHV）属腺病毒科禽腺病毒属I群。I群腺病毒中有很多血清型（FAdv-1～FAdv-12）都与自然暴发的包涵体肝炎有关，血清2型和8型最常见。病毒粒子为球形，无囊膜，核衣壳呈二十面体立体对称，为双股DNA病毒，能凝集大鼠红细胞。本病毒对热较稳定，在室温下可存活较长时间。

★流行病学

传染源：病鸡和带毒鸡是主要传染源。

传播途径：垂直传播为主，也可经呼吸道及眼结膜等途径传播，还可通过接触病鸡或被病鸡污染过的鸡舍、饲料、饮水等经消化道而传染。

易感动物：只有鸡易感，5周龄鸡最易感。

本病多发于4～15周龄的鸡，肉鸡多发，产蛋鸡很少发病，以3～9周龄的鸡最常见。本病若继发鸡传染性贫血病、马立克病、白血病、慢性呼吸道病、大肠杆菌病、坏死性肠炎时导致病情加剧，病死率上升，种鸡淘汰率增高。

★临床症状

自然感染潜伏期1～2 d，病程一般10～14 d。

病鸡发病迅速，突然死亡，精神沉郁，嗜睡，肉髯褪色，皮肤呈黄色，皮下有出血，排水样稀粪，3～5 d达死亡高峰，5 d后死亡减少或逐渐停止。

蛋鸡产蛋率下降，腹泻等。

★病理变化

肝脏肿大，质脆易破裂，点状或斑驳状出血，或隆起坏死灶散在，肝脏脂肪变性。

肾脏肿胀呈灰白色，有散在出血点。

脾脏有白色斑点状和环状坏死灶。

骨髓呈灰白色或黄色或桃红色。

有的法氏囊萎缩，胸腺水肿，胸肌和腿肌苍白并有出血斑点，皮下组织、脂肪和肠浆膜、黏膜等出血。

★防治措施

1.预防

目前对鸡包涵体肝炎尚无有效疗法，净化种群是最重要的控制措施。平时加强饲养管理，做好环境消毒，减少应激因素，做好传染性法氏囊病等免疫抑制病的预防，饲料中添加补中益气的中药制剂以增强鸡的抵抗力。

2.治疗方案

（1）发病后，采用抗微生物药饮水或拌料，控制细菌继发感染。配合维生素C可溶性粉或复方维生素纳米乳口服液使用。

（2）中药辅助治疗。

【处方1】加减茯白散（河南省现代中兽医研究院研制）

板蓝根15～25 g，白芍10～20 g，茵陈20～30 g，龙胆草10～15 g，党参7.5～15 g，茯苓7.5～15 g，黄芩10～20 g，苦参10～20 g，甘草10～30 g，车前草10～30 g，金钱草15～45 g。

【应用】对肝脏肿大等症具有治疗或缓解功效。

【用法与用量】0.5～2.0 g/只，1次/d，连用5～7 d。

【处方2】肝胆颗粒

板蓝根、茵陈各1 500 g。

【用法与用量】混饮：每1 L水1 g。

肝脏有大小不等的星状出血斑，颜色变浅

肝脏有大小不等的出血斑，颜色变浅

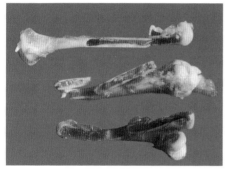

病鸡骨髓变黄，最下方为正常组对照

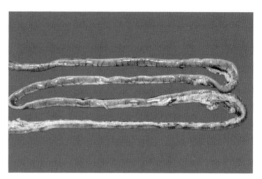

急性出血性肠炎

十四、鸡心包积液综合征

★概述

鸡心包积液综合征（avian pericardial effusion syndrome）是禽腺病毒C中的血清4型感染鸡引起的以心包积液为特征的一种病毒性传染病。因本病1987年首次发生于巴基斯坦安卡拉地区，因此又称安卡拉病，2014年我国出现此病，蛋鸡、肉鸡均可发生，呈地方流行性，给养鸡业造成较大的经济损失。

★病原

病毒属于禽腺病毒C中的血清4型（FAdV-4），FAdV-4具有腺病毒典型的结构，基因组为线性双链DNA，无囊膜，球形，直径70～100 nm，核衣壳呈二十

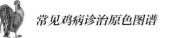

面体立体对称。病毒不能凝集红细胞。

★流行病学

传染源：带毒鸡是主要传染源。

传播途径：既可以垂直传播，也可经粪便、气管和鼻腔黏膜水平传播。

易感动物：3~6周龄鸡最易感，不同品种、不同日龄的鸡均可感染发病。

本病传播速度快，呈地方流行性，肉鸡、肉杂鸡、麻鸡、地方土鸡及蛋鸡均可发病，15~70日龄鸡多发，最早可见6日龄发病，300多日龄的蛋鸡也发病；病程持续15~20 d，发病率、死亡率与发病日龄、饲养环境等有较大关系，发病日龄越早，死亡率越高。

★临床症状

病初个别或极少数鸡打呼噜，精神不振，呆立，对外界刺激不明显，采食量下降或不食，拉黄绿色粪便，渐进性消瘦，零星死亡。

病初1~3 d死亡率低，5~8 d后达死亡高峰，接着死亡减少，一般死亡率30%左右，严重时死亡率高达80%，病程持续15~20 d。

★病理变化

心包内有黄色果冻样物，心包积液多达20 mL以上，积液呈淡黄色，心肌疲软等。

肝脏肿大、色淡，表面有出血条带或大小不一的弥漫性出血斑、灰白色坏死灶。

肾脏肿大、苍白或色淡略黄、出血等，输尿管内有尿酸盐沉积。

腺胃黏膜瘀血、肿胀，腺胃乳头、腺胃与肌胃交界处出血，角质层下有大小不等的溃疡灶，出血性肠炎，盲肠扁桃体出血等。

气管轻微环状出血，肺脏充血，表面有胶冻样渗出物，局部坏死等。

胰腺变性呈苍白色。

★防治措施

1.预防

采用当地分离株制备的疫苗接种是控制本病的关键措施，而加强饲养管理，减少各种应激，做好传染性法氏囊病、传染性贫血、禽网状内皮增生症等免疫抑制性疾病的防控，严格消毒等措施是预防本病的重要手段。

2.治疗方案

采用具有抗病毒、保肝护肾及增强免疫的中药进行治疗的同时，配合复方维生素纳米乳口服液或电解多维饮水治疗。若有细菌感染则使用抗菌药控制继发感染。

（1）发病初期采用加减茯白散（板蓝根15～25 g，白芍10～20 g，茵陈20～30 g，龙胆草10～15 g，党参7.5～15 g，茯苓7.5～15 g，黄芩10～20 g，苦参10～20 g，甘草10～30 g，车前草10～30 g，金钱草15～45 g）治疗，0.5～2.0 g/只，1次/d，连用5 d，疗效显著（河南省现代中兽医研究院研制）。

（2）病情严重时采用当地病死鸡的心包积液、肺脏、脾脏、肝脏、肾脏等病料做成的组织苗或卵黄抗体肌内注射。

肝脏肿大、色淡，局部坏死

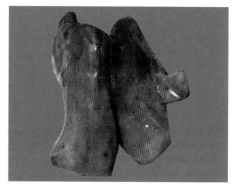

肝脏肿大、出血

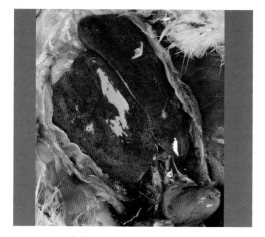

肝脏肿大，点状出血，局部坏死

肝脏肿大，局部坏死，心包积液

肝脏肿大，有出血条带，心包积液

肝脏高度肿大，肝被膜和心包膜增厚，心包膜内有黄色果冻样物

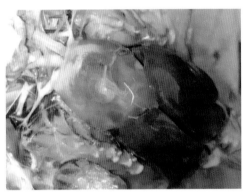

肝脏肿胀、出血，心包积液，积液呈淡黄色，积液多达20 mL

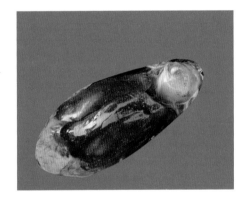

心包积液，心外膜出血；肝脏肿大、出血，有白色坏死点散在

心包积液；肝脏肿大，局部坏死

心包积液；肝脏肿大、出血

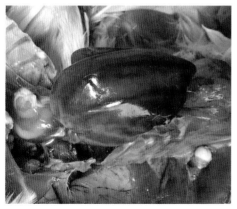

心包积液；肝脏肿大、出血

心包积液，积液呈淡黄色

心包内有黄色果冻样物

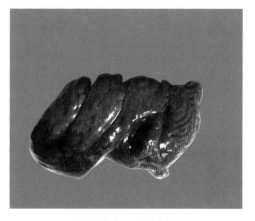

肌胃与腺胃交界处出血；心包积液；肝脏肿大，有出血点散在

肺脏出血，局部坏死

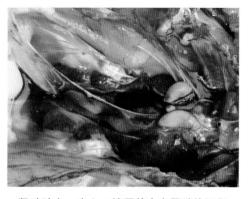

肺脏出血，肾脏肿大、出血，输尿管内有白色尿酸盐沉积

肾脏肿大、出血，输尿管内有尿酸盐沉积

肾脏肿大、出血，呈斑驳状

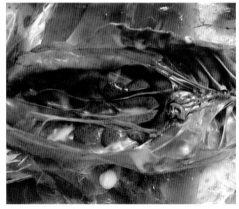

肾脏出血、色淡，输尿管内有尿酸盐沉积

十五、鸡肝炎－脾肿大综合征

★概述

鸡肝炎-脾肿大综合征（hepatitis–splenomegaly syndrome in chickens，HS）是禽戊型肝炎病毒（hepatitis E virus，HEV）引起蛋鸡和肉鸡的一种病毒性传染病。

本病还有多种病名，如出血性肝病、出血性坏死性肝脾肿大、坏死出血性肝炎、坏死出血性肝炎-脾肿大综合征、大肝大脾病等，以死亡率上升，产蛋率下降，肝脾肿大、出血及肝脏、脾脏和腹腔周围有瘀血为主要特征。

近几年我国此病的发病率呈上升趋势，地方流行性，常造成较大的经济损失。

★病原

禽戊型肝炎病毒（HEV）属于新的戊型肝炎病毒科和戊型肝炎病毒属，基因组为单股正链RNA，病毒粒子为球形，无囊膜，核衣壳呈二十面体立体对称，表面有类似杯状病毒的杯状物。

★流行病学

传染源：病鸡的粪便是主要传染源。

传播途径：主要通过粪–口经消化道传播。

易感动物：鸡是HEV的唯一宿主，不同日龄的鸡均可感染，多发生于产蛋肉种鸡和30～72周龄产蛋母鸡，尤其是40～50周龄的鸡发病率最高。

本病很容易在鸡群之间和鸡群内部传播，不同地区感染率不同，发病率和死亡率低，产蛋率下降高达20%。本病目前常与大肠杆菌病、沙门杆菌病、产气荚膜梭菌感染等混合感染，死亡率达30%以上。

★临床症状

该病临床发病率和死亡率相对较低，每周死亡率在1%内，发病持续3～4周。

病鸡鸡冠和肉髯苍白，精神沉郁，厌食，腹泻，肛周羽毛被污染或有糊状粪便，出现零星死亡等。

感染鸡群个体差异大，开产期推迟，无产蛋高峰或产蛋率下降明显，下降高达20%，蛋壳质量差，蛋壳颜色变淡、褪色、变薄，小蛋增多等。

★病理变化

特征性病变见于肝脏。肝脏肿大、出血、坏死、萎缩或增生性肿瘤样病变，易碎，肝脏表面有红色、白色和黄褐色色斑的病灶；肝被膜下有血肿或血凝块。

脾脏极度肿大，为正常脾脏的2～3倍，有白斑；腺胃乳头出血，腺胃壁变薄；腹腔中有红色液体或血凝块；卵巢常退化，有的卵巢发育不良，有的卵泡萎缩、变形等。

★防治措施

本病目前尚无疫苗可用，无有效的方法控制。平时加强饲养管理，严格执行生物安全措施，切断病毒的传播，是预防本病的重要措施。对症治疗，饮水中添加维生素C可溶性粉、干扰素或蜂毒肽等，配合中药制剂（参考鸡包涵体肝炎）使用，可缓解症状或有较好的治疗效果。

肝脏出血、易碎

肝脏肿大、出血

肝脏出血、点状坏死

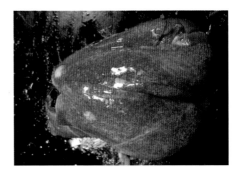

肝脏高度肿胀、出血、点状坏死

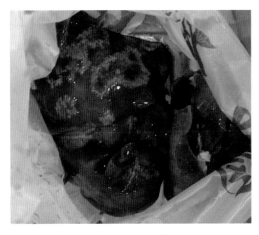

肝脏肿大、出血，坏死灶融合成片

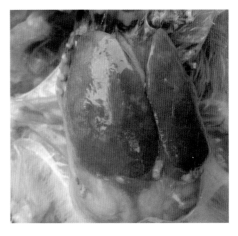

肝脏表面黄白色坏死灶融合成片；与大肠
杆菌病混合感染时肝被膜增厚

肝被膜下有血肿或血凝块

肝脏表面有血凝块

肝脏肿大，被膜下出血

肝脏坏死，被膜下有血肿或血凝块

肝脏萎缩、坏死，表面有血凝块

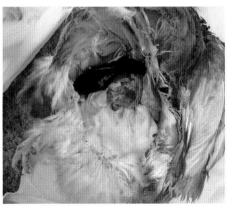

肝脏萎缩，附有血凝块

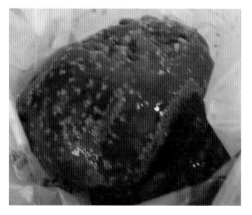

肝脏肿大、出血、坏死，类肿瘤样病变

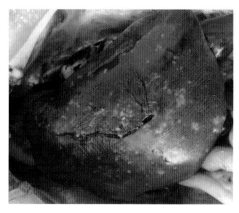

肝脏肿大、出血，类肿瘤样病变，局部坏死

肝脏肿大、出血，类肿瘤样病变，局部坏死

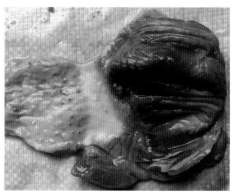

腺胃乳头出血，腺胃壁变薄

第二章
常见细菌性疾病

一、大肠杆菌病

★概述

大肠杆菌病（colibacillosis）是由致病性大肠杆菌（avian pathogenic escherichia coli，APEC）引起的，各种日龄的鸡均可感染，包括败血型（肝周炎、心包炎、气囊炎）、脑炎型、雏鸡脐炎型、眼球炎型、肠炎型、关节滑膜炎型、肉芽肿型、生殖系统炎症型等，临床中感染两种以上的情况占多数。

本病是常见的细菌病之一，耐药性菌株引起的感染目前较多，肉鸡及产蛋期蛋鸡发病率较高，易与其他疾病如慢性呼吸道病、禽流感、传染性支气管炎等混合感染，致使死亡率上升，给养鸡业带来严重的经济损失。

★病原

禽致病性大肠杆菌是肠杆菌科埃希菌属的代表种，为革兰氏阴性无芽孢的直杆菌，两端钝圆，散在或成对，大多数菌株有周生鞭毛，为兼性厌氧菌，能分解乳糖，在普通培养基上生长良好，伊红美蓝琼脂平板上形成黑色带有金属光泽的菌落，麦康凯琼脂上形成的菌落呈亮红色。目前发现血清型180多种，不同地区的优势血清型往往有差别，即使同一个疫场（群）的优势血清型也不尽相同。大肠杆菌一般对常见的消毒剂敏感，但易产生耐药性。

★流行病学

大肠杆菌为条件性致病菌，广泛存在于自然环境中，如饲料、饮水、家禽的体表、孵化场等处，因此大肠杆菌病对养殖全过程构成了很大威胁。

传染源：病鸡和带菌鸡是本病的主要传染源，被病死鸡的尸体和粪便污染过的饲料、饮水、饲养场地和饲养工具等也可成为传染源。

传播途径：一般通过消化道和呼吸道感染，也可以通过伤口、污染的种蛋及生殖道感染。

易感动物：各日龄的鸡都易感，雏鸡和产蛋期蛋鸡感染危害最为严重。

本病四季均可发生，多雨、闷热、潮湿季节多发，发病与饲养管理水平、各种应激因素、呼吸道损伤、免疫抑制病等密切相关，死亡率的高低与有无其他病原体感染关联很大。

临床发现：①近几年肉鸡发生的支气管栓塞症、气囊炎、黑心肺等症，大肠杆菌是常见的病原之一。②蛋鸡肿头肿脸症即单侧或双侧眼睛流泪、肿大甚至失明，面部肿胀甚至波及颈下，产蛋率基本保持不下降，传播速度慢，零星死亡等，常可检测到大肠杆菌。③若鸡出现流眼泪，眼睛有气泡，眼睛周围皮肤呈青紫色，零星死亡，死亡鸡双腿劈叉、腹部朝上、腹部皮肤呈紫红色等症，多数可检测到大肠杆菌。

★临床症状

1.雏鸡脐炎型

本病俗称"大肚脐"。病鸡多在1周内死亡，精神沉郁、虚弱，常挤在一起，少食或不食；腹部胀大，脐孔及其周围皮肤发红、水肿或呈蓝黑色，有刺激性臭味，卵黄不吸收或吸收不良，剧烈腹泻，粪便呈灰白色，混有血液。

2.眼球炎型

病鸡精神萎靡，闭眼缩头，采食量减少，饮水量增加，排绿白色粪便；眼球炎多为一侧性，少数为两侧性；眼睑肿胀，眼结膜内有炎性干酪样物，眼房积水，角膜混浊，流泪、怕光，严重时眼球萎缩、凹陷、失明等，终因衰竭死亡。常与败血型大肠杆菌病同时发生，目前蛋鸡出现的肿头肿脸症与眼球炎型有关。

3.生殖系统炎症型

病鸡体温升高，鸡冠萎缩或发紫，羽毛蓬松；食欲减退并很快废绝，喜饮少量清水，腹泻，粪便稀软呈淡黄色或黄白色，粪便混有黏液或血液，常污染肛门周围的羽毛；产蛋率低，产蛋高峰上不去或产蛋高峰维持时间短，腹部明显增大下垂，触之敏感并有波动，鸡群死淘率增加。

4.败血型

白羽肉鸡多发，死亡率高。最早见3日龄雏鸡发病，并出现典型的败血型症状，各种日龄和品种的鸡均可感染发病，发病率5%～30%，死亡率差异较大，与有无其他病原体混合感染密切相关。目前肉鸡发生的支气管栓塞症、气囊炎、黑心肺等症常与败血型大肠杆菌病相关。

病鸡呼吸困难，精神沉郁，羽毛松乱，食欲减退或废绝，剧烈腹泻，粪便呈白色或黄绿色，腹部肿胀，病程较短，很快死亡。

5.脑炎型

2～6周龄雏鸡和产蛋鸡多发。病鸡出现精神委顿、昏睡、垂头闭目、下痢、蹲伏及歪头、扭脖、倒地、抽搐等症。

6.肠炎型

病鸡精神萎靡，闭眼缩头，采食量减少，饮水量增加，剧烈腹泻，粪便伴有出血，肛门周围羽毛被粪便污染而污秽、粘连。

7.关节滑膜炎型

病鸡跛行或卧地不起，腱鞘或关节发生肿胀，腹泻等。本病与滑液囊支原体感染、坏死性关节炎症状相似。

8.肉芽肿型

目前肉芽肿型临床发病呈上升趋势，不同品种的鸡均可发病，临床症状不明显，仅出现腹泻，病死率比较高。

★病理变化

1.雏鸡脐炎型

脐孔愈合不全、红肿，脐孔周围皮肤水肿，皮下瘀血、出血、坏死，形成蜂窝组织炎，或有黄色或黄红色的纤维素性蛋白渗出；卵黄吸收不良，卵黄囊充血、出血且囊内卵黄液黏稠或稀薄，多呈黄绿色或黄棕色或灰黑色，甚至卵黄硬化；肝脏肿大呈土黄色，质脆，有淡黄色坏死灶散在，肝包膜略有增厚；肠道呈卡他性炎症。病理变化与鸡白痢相似，肉眼很难区分。

2.眼球炎型

眼球炎型大肠杆菌病病理变化和临床症状相同。

3.生殖系统炎症型

此类型主要病变为输卵管炎、卵巢炎、卵黄性腹膜炎。输卵管膨大，内有数量不等的干酪样物，呈黄白色，切面呈轮层状，较干燥；输卵管黏膜充血、壁变薄或有囊肿。卵泡充血、出血、变性、变色，卵黄破裂后落入腹腔内形成卵黄性腹膜炎。泄殖腔外翻、出血，有的糜烂性出血等。

4.败血型

典型病变是肝周炎、心包炎、气囊炎。

肝脏肿大，质脆易碎，被膜增厚、不透明呈黄白色，易脱落，肝脏表面被纤维素性膜包裹（俗称肝周炎），剥脱后肝脏呈紫褐色，被膜下散在大小不一的出血点或坏死灶。

心包增厚不透明，心包积有淡黄色液体（注意与心包积液综合征区分），心包和心脏粘连形成心包炎。

气囊增厚、混浊，表面覆有纤维素性渗出物，呈灰白色或灰黄色，囊腔内有数量不等的黄色纤维素性渗出物或干酪样物（俗称气囊炎）。与慢性呼吸道病引起的气囊炎相似，很难区分。

5.脑炎型

头部皮下出血、水肿，脑膜充血、出血，实质水肿，脑膜易剥离，脑壳软化。

6.肠炎型

肠道肿胀，肠内容物多为黏液性或红色液体，夹杂脱落的黏膜碎片，肠黏膜充血、出血，肠壁变薄，肠浆膜有明显的小出血点。有的形成慢性肠炎，盲肠增粗，内有干酪样物（与慢性鸡白痢、组织滴虫病、盲肠病变相似）等。

7.关节滑膜炎型

关节肿大，关节周围组织充血、水肿，关节腔内有纤维蛋白渗出或混浊的关节液，滑膜肿胀，增厚。

8.肉芽肿型

心脏、胰腺、肝脏、肺脏、肌肉、皮下及盲肠、直肠和回肠的浆膜形成绿豆大灰白色或灰黄色肉芽肿；肝脏表面有不规则的黄色坏死灶，有时整个肝脏发生坏死；肠粘连等。

★防治措施

1.预防

大肠杆菌属于条件性致病菌，平时加强饲养管理，改善养殖环境，认真落实养殖场兽医卫生防疫措施，消毒精确到每个细节并确保消毒质量等措施，对于本病的预防具有重要意义。

采用当地分离的致病性菌株做成自家疫苗进行免疫接种是预防本病的重要措施。

2.治疗方案

发病后及时搞好环境消毒，隔离治疗，全群给药。治疗时建议配合电解多维或复方维生素纳米乳口服液，利于本病的康复。

（1）根据药敏结果，选择高敏的抗微生物药或噬菌体饮水或拌料，连用3～5 d。

（2）选择清热解毒、燥湿的中药制剂治疗。

【处方1】穿参止痢散

穿心莲70 g，苦参30 g。

【用法与用量】混饲，每1 kg饲料4 g。

【处方2】金石翁芍散

金银花、赤芍、白头翁、麻黄各110 g，生石膏130 g，连翘、绵马贯众、苦参、甘草各65 g，黄芪、板蓝根各85 g。

【用法与用量】2～3周龄雏鸡1 g，连用3～5 d。

【处方3】黄芩解毒散

黄芩500 g，地锦草、铁苋菜、老鹳草各400 g，女贞子220 g，马齿苋350 g，玄参100 g，地榆、金樱子各200 g。

【用法与用量】混饲，每1 kg饲料5～10 g，连用5～7 d；预防量减半。

【处方4】莲胆散

穿心莲230 g，桔梗、金荞麦、麻黄各100 g，猪胆粉30 g，板蓝根、岗梅各50 g，甘草80 g，防风70 g，火炭母150 g，薄荷40 g。

【用法与用量】混饲，每1 kg饲料5～10 g。

【处方5】蒲青止痢散

蒲公英、大青叶、板蓝根各40 g，金银花、黄芩、黄柏、甘草各20 g，藿香、生石膏各10 g。

【用法与用量】混饲，每1 kg饲料10～20 g。

【处方6】四黄白莲散

大黄230 g，白头翁、穿心莲、大青叶、金银花、三叉苦、辣蓼、黄芩各91 g，黄连18 g，黄柏、龙胆草、肉桂、小茴香各28 g，冰片3 g。

【用法与用量】一次量，每1 kg体重0.5 g，2次/d。

【处方7】三黄白头翁散

黄芩、黄柏、大黄、白头翁、陈皮、白芍、地榆、苦参、青皮各200 g。

【用法与用量】0.5 g/只。

【处方8】穿虎石榴皮散

虎杖、地榆、黄柏各98 g，穿心莲294 g，石榴皮147 g，生石膏196 g，甘草49 g，肉桂20 g。

【用法与用量】混饲，每1 kg饲料10 g，连用5 d。

【处方9】银黄可溶性粉

金银花、黄芩各375 g。

【用法与用量】混饮，每1 L水1 g，连用5 d。

【处方10】清解合剂

生石膏670 g，金银花140 g，玄参100 g，黄芩、生地黄各80 g，连翘、栀子各70 g，龙胆草、甜地丁、板蓝根、知母、麦冬各60 g。

【用法与用量】混饮，每1 L水2.5 mL。

【处方11】杆菌灵口服液

黄连300 g，黄芩600 g，栀子450 g，穿心莲、白头翁各250 g，甘草100 g。

【用法与用量】混饮，每1 L水1.5～2.5 mL（每1 mL相当于原生药材1 g）。

【处方12】穿黄散（河南省现代中兽医研究院研制）

穿心莲、野菊花各10 g，黄芩、黄连、黄柏、蒲公英、鱼腥草、紫萁贯众、牡丹皮、赤芍各9 g，夏枯草8 g等。

【用法与用量】1～3 g/只，连用4～5 d。

病鸡精神不振，腹泻，肛门附近羽毛被粪便污染

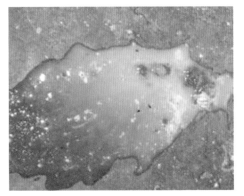

病鸡拉白色稀粪

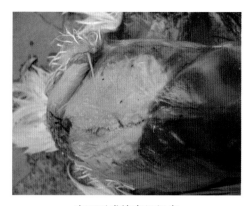

皮下形成蜂窝组织炎

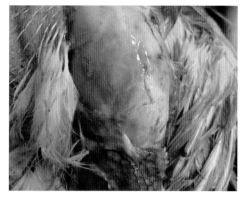

皮下坏死

颌下有黄色果冻样物

眼球炎型：眼睑肿胀

眼球炎型：上下眼睑粘连

眼球炎型：眶下窦肿胀，失明

关节滑膜炎型：脚掌肿胀

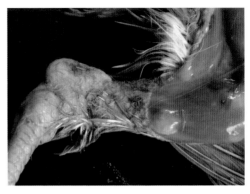

关节滑膜炎型：关节附近有脓肿

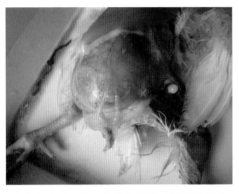

雏鸡脐炎型：皮下有黄色纤维素性蛋白渗出

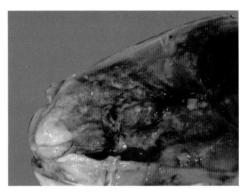

败血型：气囊表面覆盖黄色纤维素性渗出物，气囊坏死，俗称气囊炎

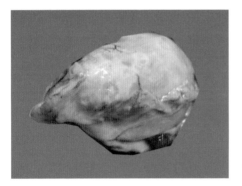

败血型：心包和心脏粘连形成心包炎

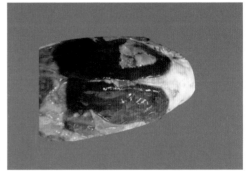

败血型：肝脏表面被白色纤维素性膜覆盖

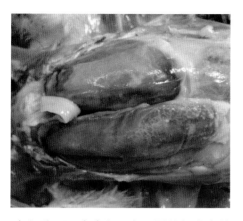

败血型：肝脏肿大，表面覆盖纤维素性膜，剥离后肝脏呈紫褐色（俗称肝周炎）

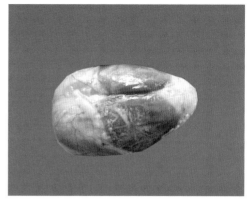

败血型：心包炎、肝周炎、气囊炎

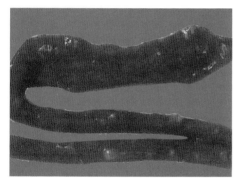

肉芽肿型：肠壁多处形成灰白色或灰黄色、绿豆大小的肉芽肿

肉芽肿型：肠壁肉芽肿

肉芽肿型：心脏肉芽肿

生殖系统炎症型：早期感染大肠杆菌后引起输卵管过早发育，内有干酪样物

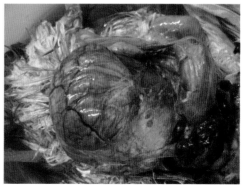

生殖系统炎症型：感染大肠杆菌后输卵管内积有黄色干酪样物

生殖系统炎症型：卵黄破裂落入腹腔后形成卵黄性腹膜炎

生殖系统炎症型：卵黄性腹膜炎

生殖系统炎症型：输卵管内有黄白色干酪样物，切面呈轮层状

生殖系统炎症型：输卵管内有异物

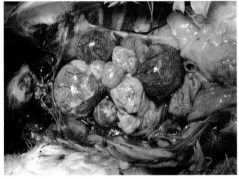

生殖系统炎症型：卵黄囊出血、变性、坏死

卵黄吸收差，卵黄变性

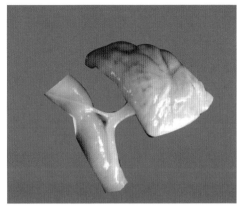

卵黄吸收不良

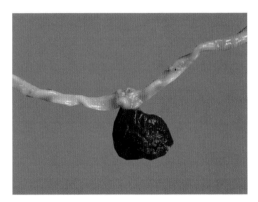

卵黄吸收不良、坏死

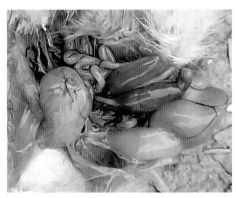

卵黄吸收不良呈液状

肝脏肿大，出血

肝脏肿大，呈砖红色，表面有白色坏死点散在

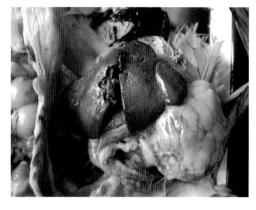

肝脏表面有大小不一的坏死灶，易破碎

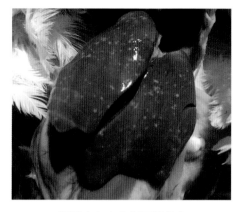

肝脏有灰白色坏死灶散在

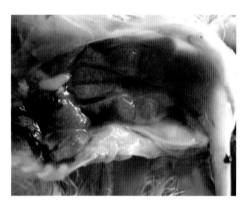

肾脏肿大，色淡，输尿管内有白色尿酸盐沉积

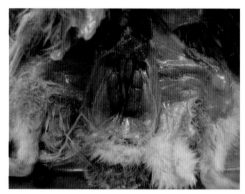

肾脏肿大，输尿管内有白色尿酸盐沉积

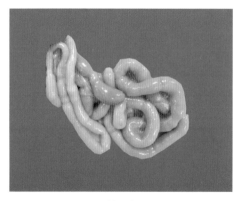

肠管胀气

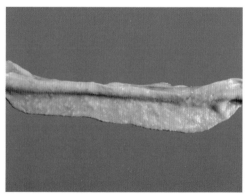

肠壁有弥漫性肉芽肿

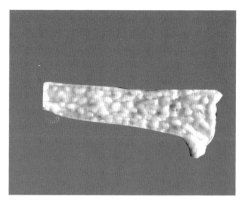

直肠形成豌豆粒大小的肉芽肿

盲肠形成肠芯

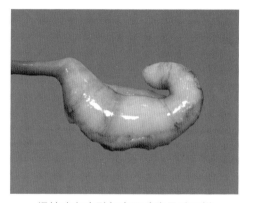

慢性鸡白痢引起盲肠肿胀呈香肠样

盲肠内形成栓塞

左为肺肉样病变，右为肺瘀血

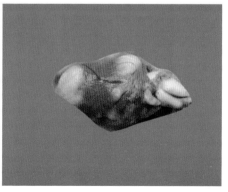

心脏变形，心肌形成大小不一的白色结节

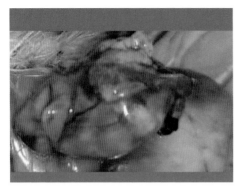

心脏变形，心肌有白色或灰白色隆起的坏死结节

心包积有白色黏稠样渗出物

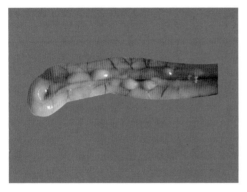

胰腺形成肉芽肿

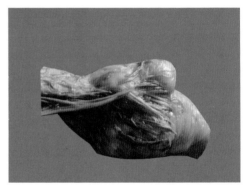

慢性鸡白痢引起的关节处皮下脓肿

腺胃不同程度的坏死

剪开肿胀的眶下窦，可见大的结节

气囊壁附有黄白色果冻样物

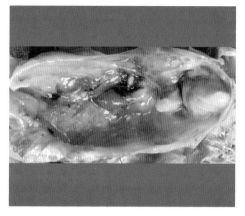

气囊混浊、增厚

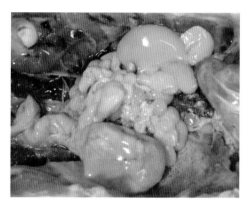

慢性鸡白痢引起的卵泡萎缩、变性，卵黄呈黄绿色

卵泡变性

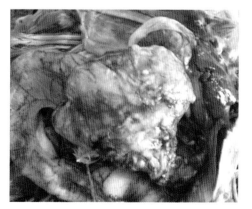

慢性鸡白痢引起的输卵管炎，输卵管内有黄白色干酪样物

慢性鸡白痢引起的输卵管炎，输卵管内有豆腐渣样物

慢性鸡白痢引起的输卵管炎，输卵管内充
满干酪样物，切面呈轮状

三、禽伤寒

★概述

禽伤寒（fowl typhoid）是由鸡伤寒沙门杆菌（*Salmonella gallinarum*）感染引起家禽的一种急性或慢性败血性传染病，以黄绿色下痢，肝脏肿大呈青铜色（尤其生长期和产蛋期的鸡）为特征。

★病原

鸡伤寒沙门杆菌的形态和培养特性与鸡白痢沙门杆菌相似（见鸡白痢病原），但血清型、生化特性和致病性不同。

★流行病学

传染源：病鸡和带菌鸡是主要传染源。

传播途径：消化道感染为主，还可经卵垂直传播，孵化器和育雏室内可引起相互传染。

易感动物：鸡和火鸡对本病易感，成年鸡较为敏感，常感染3周龄以上的青年鸡、成年鸡和火鸡。

本病一般呈散发或地方流行性，主要发生于成年鸡，雏鸡也可发病。

★临床症状

本病潜伏期一般4～5 d，具有发病率高、死亡率低的特点。

鸡冠、肉髯苍白，鸡冠萎缩，食欲减退，渴欲增加，体温升至43℃以上，喘气和呼吸困难，腹泻，排淡黄绿色稀粪（多见于青年鸡和成年鸡）或排白色稀粪（多见于雏鸡）；发生腹膜炎时，呈直立姿势，康复后成为带菌鸡。

慢性感染时间较长时，病鸡极度消瘦，零星死亡，病死率为10%～50%，与饲养管理、养殖环境等相关。

★病理变化

雏鸡病变和鸡白痢相似，特别是肺和心肌常有灰白色结节状病灶。

青年鸡和成年鸡肝脏肿大，呈淡棕绿色或古铜色；心肌、肝脏及睾丸等表面有粟粒样灰白色坏死病灶散在；胆囊充盈；脾脏和肾脏充血、肿大，表面有细小坏死灶散在。

产蛋鸡卵泡出血、变形、变色，小肠卡他性炎症，十二指肠有点状或斑点状出血，肠道内容物多为绿色，盲肠有土黄色干酪样栓塞物（肠炎型大肠杆菌病、鸡白痢、禽副伤寒、组织滴虫病等也会出现类似的盲肠芯），大肠黏膜有出血斑，直肠肉芽肿，肠管间发生粘连，淋巴滤泡肿胀等。

有些病例可见纤维性心包炎、肝周炎、腹膜炎等。

★防治措施

1.预防

参考鸡白痢。

2.治疗方案

发病后，全群给药进行治疗，治疗时建议配合维生素C可溶性粉或复方维生素纳米乳口服液，利于本病的康复。

（1）根据药敏试验结果，选择高敏抗微生物药饮水或拌料治疗。

（2）选择清热解毒、燥湿止痢的中药制剂治疗。

【处方1】三味拳参散

拳参1 400 g，穿心莲1 000 g，苦参1 600 g。

【用法与用量】混饲，每1 kg饲料5 g。

【处方2】加味白头翁散

白头翁50 g，黄柏、黄连、秦皮、大青叶、白芍各20 g，乌梅15 g。

【用法与用量】共研细末，混匀。前3 d每只鸡每天1.5 g，后4 d每天1 g，混入饲料中喂给，连续用药7 d；病重不能采食者，人工投喂。

【应用】用本方治疗伤寒病鸡185只，治愈165只。

【处方3】穿黄散（河南省现代中兽医研究院研制）

穿心莲、野菊花各10 g，黄芩、黄连、黄柏、蒲公英、鱼腥草、紫萁贯众、牡丹皮、赤芍各9 g，夏枯草8 g等。

【用法与用量】1~3 g/只，连用4~5 d。

病鸡精神沉郁，羽毛蓬松

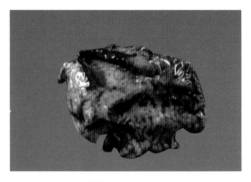

肺脏出血、瘀血

卵黄吸收不良，变性

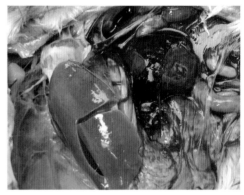

脾脏肿大，被膜破裂引起出血，肝脏呈淡青铜色

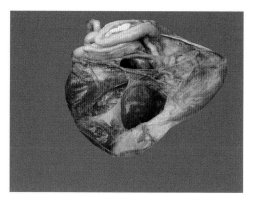

脾脏肿大，局部坏死

肝脏出血，有白色坏死点散在

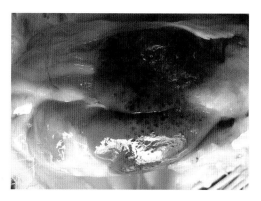

肝脏色淡、坏死，有斑点状出血

肝脏肿大，坏死，呈青铜色

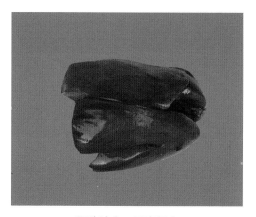

肝脏肿大，呈青铜色

青铜肝

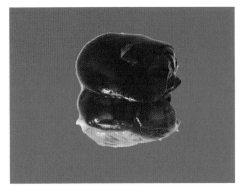

大肠杆菌病与禽伤寒混合感染引起的肝被膜
增厚，肝脏呈青铜色

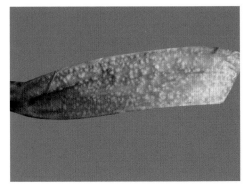

直肠形成弥漫性肉芽肿

慢性病例：心脏形成肉芽肿

卵泡变性、变色、萎缩等

四、禽副伤寒

★概述

　　禽副伤寒（paratyphoid infection）是家禽、多种禽类及哺乳动物的急性或慢性细菌性疾病，是由沙门杆菌属中的一个没有宿主特异性的菌种引起。本病不仅各种家禽均易感，而且也能广泛感染人，目前其污染的家禽和相关制品已成为人类沙门杆菌和食物中毒的主要来源之一。因此，防治禽副伤寒沙门杆菌病具有重要的公共卫生意义。

★病原

禽副伤寒沙门杆菌为革兰氏阴性细长杆菌，无芽孢和荚膜，有鞭毛，能运动，为兼性厌氧菌，引起本病的血清型众多，其中最常见的为鼠伤寒沙门杆菌、肠炎沙门杆菌等，致病性与菌体的内毒素有关。本菌对热及多种消毒剂敏感。

★流行病学

传染源：带菌鸡和病鸡是主要传染源。

传播途径：可经蛋垂直传播，也可经呼吸道、消化道、损伤的皮肤传播，而经蛋垂直传播使疾病的清除更为困难。

传播媒介：被污染的蛋、料、水、用具、孵化器、育雏器、环境、鼠类和昆虫等均是传播媒介。

易感动物：各种日龄的家禽、野禽均可感染，尤其幼禽易感，如2～5周龄的雏鸡，青年鸡和成年鸡为慢性经过或隐性感染。

本病四季均可发生，闷热、潮湿、拥挤的饲养环境会促进本病的发生与流行，呈地方流行性，雏鸡发病率、死亡率较高，蛋鸡产蛋率、受精率和孵化率降低，与其他病原菌混合感染时加重病情，死亡率增加，病死率高达80%以上。

★临床症状

雏鸡多在2周龄内发病，常于1～2 d死亡，多呈急性或亚急性经过，与鸡白痢相似，成年鸡感染后很少发病，一般为慢性经过，呈隐性感染。

病鸡垂头闭眼、翅膀下垂、呆立、离群、嗜睡、厌食、饮水量增加、怕冷挤堆、抽搐、排淡黄绿色水样稀粪、肛门周围羽毛被稀粪污染；有的关节肿胀、呼吸困难；严重感染时，出现结膜炎、鼻窦炎和眼盲。

★病理变化

发病最急性的鸡一般没有明显的病变，有时肝脏肿大，表面有细小的出血点，胆囊充盈等。

病程稍长的雏鸡主要为脐炎、卵黄凝固或吸收不良；肝脏肿大呈古铜色，表面有点状或条纹状出血，有灰白色坏死灶；肺脏发生灶性坏死；脾脏肿大，表面有斑点状坏死灶；心包炎，心肌炎；肾脏肿大、充血；十二指肠出血性肠炎，

盲肠扩大被淡黄色干酪样物堵塞。

成年鸡消瘦，出血性或坏死性肠炎；肝脏、脾脏、肾脏充血、肿大；心脏有坏死结节；卵泡偶有变形，卵巢有化脓性和坏死性病变，卵黄性腹膜炎等。

★防治措施

1.预防

参考鸡白痢。

2.治疗方案

发病后，全群给药进行治疗，治疗时建议配合维生素C可溶性粉或复方维生素纳米乳口服液，利于本病的康复。

（1）根据药敏试验结果，选择高敏的抗微生物药或噬菌体饮水或拌料。

（2）选择清热解毒、燥湿止痢的中药方剂治疗。

【处方1】血见愁40 g，马齿苋、地锦草、墨旱莲、车前草、茵陈、桔梗、鱼腥草各30 g，蒲公英45 g。

【用法与用量】煎汁，按每只10 mL，让鸡自饮；预防量减半。

【应用】用本方治疗典型鸡副伤寒，3 h见效。第2天控制住鸡群死亡，连用2~3 d可愈，治愈率达98.2%。

【处方2】马齿苋、地锦草、蒲公英各20 g，车前草、金银花、凤尾草各10 g。

【用法与用量】加水煎成1 000 mL，供100只雏鸡1 d自由饮用或拌料喂服，连服3~5 d。

【应用】用本方治疗鸡副伤寒10余群，治愈率均在93%以上。

【处方3】穿黄散（河南省现代中兽医研究院研制）

穿心莲、野菊花各10 g，黄芩、黄连、黄柏、蒲公英、鱼腥草、紫茸贯众、牡丹皮、赤芍各9 g，夏枯草8 g等。

【主治】大肠杆菌病、沙门杆菌病等。

【用法与用量】1~3 g/只，连用4~5 d。

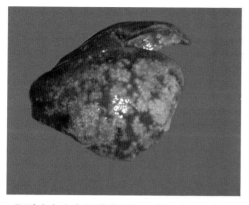

肝脏有灰白色雪花样的坏死灶，大面积坏死

肝脏出血，有灰白色坏死灶散在，局部坏死

肝脏出血，有雪花状坏死灶散在，有的融合成片

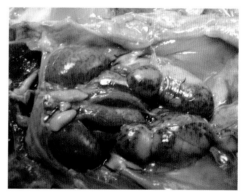

肾脏肿大、出血

五、禽霍乱

★概述

　　禽霍乱（fowl cholera）又称禽巴氏杆菌病、禽出血性败血症（简称禽出败），是由多杀性巴氏杆菌（*Pasteurella multocida*）引起的主要侵害禽类的一种急性败血性传染病。本病呈地方流行性，近几年发病呈上升趋势。

★病原

　　本菌为革兰氏阴性菌，无芽孢、无鞭毛，单个或成对存在，需氧或兼性厌氧菌，最适宜生长温度为37℃，最适宜的pH值为7.2～7.8，在血琼脂培养基上容易生长，但是在麦康凯琼脂培养基上不生长。多杀性巴氏杆菌对外界环境和物理化学因素的抵抗力不强，常规消毒药如碘制剂、酚制剂、季铵盐等均能在短时间内杀死该病原。

★流行病学

本病可引起多种禽发病，具有发病急、死亡快的特点，四季均可发生，以秋末、春初多发，常呈地方流行性，南方散养鸡发病率呈上升趋势。

传染源：病鸡、带菌鸡及其他病禽是主要传染源。

传播途径：经呼吸道、消化道感染，也可通过皮肤、黏膜的伤口感染，在饲养密度较大、舍内通风不良、潮湿等情况下，通过呼吸道传播的可能性更大。

易感动物：各种日龄的家禽、野禽均可感染发病，鸡、火鸡、鸭、鹅、鹌鹑易感，雏鸡很少发生。3～4月龄的鸡和产蛋期蛋鸡多见。

传播媒介：病鸡的尸体、粪便、分泌物和被污染的用具、土壤、饮水等是传播的主要媒介。

本病菌是一种条件性致病菌，常存在于健康禽的呼吸道及喉头，在某些健康鸡体内也存在，饲养管理不当、禽舍潮湿、饲养密度过大、天气突变、营养缺乏、长途运输等情况下常诱发本病。

临床发现：南方散养鸡发病率呈上升趋势，多与大肠杆菌病、新城疫等混合感染。

★临床症状

本病潜伏期2～9 d，分为最急性型、急性型和慢性型。

1.最急性型

产蛋高峰鸡多发，几乎见不到症状，突然死亡，一般在早晨发现死鸡。

2.急性型

部分病例由最急性型转化而来。病鸡精神委顿，羽毛松乱，呼吸困难，口鼻流多量黏液并混有泡沫；鸡冠和肉髯发绀，肉髯水肿、发热和疼痛；剧烈腹泻，排淡黄绿色粪便，体温升高到43 ℃以上，多在1～3 d死亡，蛋鸡产蛋量减少或产蛋停止。

3.慢性型

多流行于发病后期或由急性病例转化而来，或由毒力较弱的菌株感染引起，病程可达几周，最后衰竭死亡。病鸡肉髯、鸡冠、耳片发生肿胀和坏死，鼻窦肿大，鼻腔分泌物增多，分泌物有特殊臭味，关节肿胀、化脓，运动障碍，腹泻等。

火鸡除全身症状外，表现为摇头，伸颈，张口呼吸，有啰音，从口鼻流出多量液体，排稀粪，1～3 d死亡。

★病理变化

1.最急性型

病程短，死亡快，病理变化通常不明显，也有病死鸡的冠、肉髯呈紫红色或紫黑色，心外膜有出血点，肝脏表面有针尖大的灰黄色或灰白色坏死点。蛋鸡常出现"憋"蛋现象，输卵管内常有完整的蛋等。

2.急性型

皮下组织、脂肪及肠系膜、浆膜和黏膜有大小不等的出血斑点。

心包积液，多为淡黄色或黄红色清亮的液体（这一点与鸡心包积液综合征相似），有时混有纤维素片等。

冠状沟、心外膜、心内膜及心肌充血、出血，严重时，心脏和冠状脂肪表面有弥漫性出血点或融合成大小不一的出血斑。

肝脏肿大、质脆，呈紫红色、棕黄色或棕红色，表面有针尖至针头大小的灰黄色或灰白色坏死点，有时有点状出血。

气管充血、出血，内有黏液；肺脏瘀血、出血、水肿；胸腔、腹腔、气囊和肠浆膜等处有纤维素性或干酪样灰白色渗出物。

肌胃出血；肠道呈卡他性和出血性肠炎，肠黏膜充血、出血，内容物混有血液，有的肠系膜覆盖黄色纤维素样物。

3.慢性型

呼吸道症状严重时，鼻腔、气管和支气管内有多量黏性分泌物，肺质地稍硬，火鸡有肺炎变化。

肉髯水肿、坏死，内有干酪样渗出物。

发生关节炎时，关节肿大、变形，关节面粗糙，关节囊增厚，红色或灰黄色黏稠的关节液增多，内有炎性渗出物和干酪样坏死物（这一点与滑液囊支原体感染、关节滑膜炎型大肠杆菌病、病毒性关节炎相似）。

卵巢充血、出血，卵黄性腹膜炎等。

★防治措施

1.预防

采用当地分离株制成的自家疫苗免疫是预防本病的关键措施。平时加强饲养管理，搞好环境卫生，严格执行卫生消毒制度等。发病后立即对发病的场所、饲养环境和管理用具等彻底消毒；粪便及时清除，堆积发酵；尸体要全部烧毁或深埋。

2.治疗方案

（1）根据药敏试验结果，选择高敏的抗微生物药饮水或拌料。

（2）采用清热解毒、燥湿止痢的中药制剂治疗。

【处方1】雄黄、白矾、甘草各30 g，金银花、连翘各15 g，茵陈50 g。

【用法与用量】粉碎研末拌入饲料投服，每只每次0.5 g，2次/d，连用5～7 d。

【应用】治愈率在96%以上。

【处方2】茵陈、半枝莲、大青叶各100 g，白花蛇舌草200 g，生地黄150 g，藿香、当归、车前子、赤芍、甘草各50 g。

【用法与用量】以上药物煎汤，在3 d中供100只鸡分3～6次服用。

【应用】治疗急性禽霍乱。

【处方3】穿心莲、板蓝根各6 g，蒲黄、旱莲草各5 g，苍术3 g。

【用法与用量】混合粉碎拌料喂给，每只鸡每天5 g，连用3 d。

【应用】治疗慢性禽霍乱。

（3）严重病例：皮下或肌内注射禽霍乱高免血清1～2 mL/只，连用2～3 d。

鸡冠、肉髯发绀

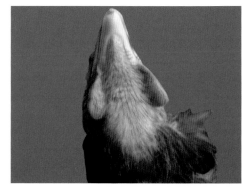

肉髯肿胀

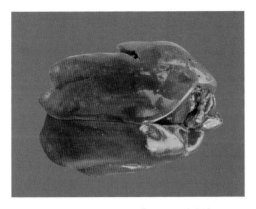

肝脏肿胀、瘀血，被膜下有针尖样坏死

肝脏肿胀、出血，有白色坏死点散在

肝脏肿大、出血

肺脏瘀血、出血和水肿

心冠脂肪点状出血

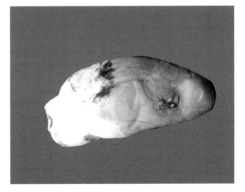

心冠脂肪片状出血

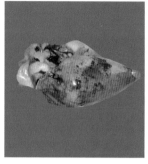

心冠脂肪出血，心肌出血、坏死

心肌有出血斑，心冠脂肪点状出血

大肠杆菌病与禽霍乱混合感染引起的心冠脂肪及心包出血，心包炎

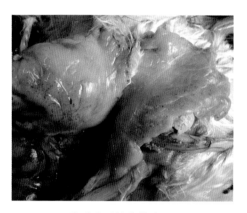
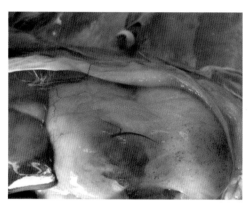

脂肪广泛性点状出血

成年蛋鸡腹部脂肪点状出血

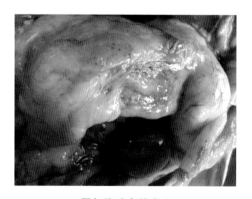

胃部脂肪点状出血

胸骨下脂肪点状出血

六、传染性鼻炎

★概述

传染性鼻炎（infectious coryza，IC）是由副鸡嗜血杆菌（*Haemophilus paragallinarum*）引起鸡的一种急性呼吸道疾病，其特征是鼻窦发炎、打呼噜、流涕流泪、面部肿胀、结膜炎。本病可在育成鸡群和蛋鸡群中发生，造成生长停滞、淘汰率增加及产蛋率显著下降（10%～40%）。目前本病呈地方流行性，发病呈上升趋势，给养鸡业造成严重的经济损失。

★病原

副鸡嗜血杆菌呈多形性，兼性厌氧。幼龄培养物为革兰氏阴性的小球杆菌，两极染色，不形成芽孢，无荚膜，无鞭毛，强毒力的副鸡嗜血杆菌可带有荚膜，本菌分为A、B、C 3个血清型，我国以A血清型为主，但也存在B、C血清型。本菌的抵抗力很弱，对热及消毒剂也很敏感，在45 ℃存活不过6 min。

★流行病学

传染源：病鸡和带菌鸡是主要传染源，慢性病鸡及隐性带菌鸡是鸡群发病的重要原因。

传播途径：以飞沫、尘埃经呼吸道传播为主，被污染的饮水、饲料等可经消化道传播。

易感动物：各日龄的鸡都易感，4～13周龄的鸡最易感，产蛋期蛋鸡感染较为严重。

传播媒介：被病原菌污染的饲料、饮水、飞沫和尘埃是主要传播媒介，麻雀也可能成为传播媒介。

本病的发生与慢性病鸡、隐性带菌鸡及各种应激因素有关，如不同日龄的鸡混群饲养、气候突变、过分拥挤、通风不良、舍内闷热、维生素A缺乏、寄生虫感染等因素均可诱发本病。

自然发病见于产蛋鸡和肉种鸡，产蛋鸡感染较严重，育成鸡感染发病呈上升趋势，呈地方流行性，四季均可发病，秋冬等寒冷季节多发，具有发病率高和死亡率低的特点，出现过疫情的鸡场或接种过传染性鼻炎疫苗的鸡群发病率明显高于新鸡场、未发病及未免疫的鸡群。

临床发现：鸡出现肿头肿脸症状时，常可检测到本病病原菌。

★临床症状

本病潜伏期1～3 d，传播快。病鸡以鼻炎和鼻窦炎为主。

病鸡采食量、饮水量减少，腹泻，多数排绿色稀粪等。

初期病鸡精神不振，流泪，眼眶聚集泪泡，打喷嚏，甩头，鼻涕清稀至黏稠、脓性，脓性物干后在鼻孔四周凝结成淡黄色的结痂。

后期病鸡结膜肿胀，结膜炎，发生红眼，颜面部、肉髯和眼周围肿胀如鸽卵大小，延及颈部、颌下和肉髯的皮下组织水肿，眼盲，炎症蔓延到下呼吸道时，咽喉被分泌物阻塞，导致呼吸困难，频频摇头，终因窒息死亡。

肉鸡及蛋雏鸡生长不良，产蛋鸡开产推迟或蛋鸡产蛋率下降（10%～40%），种鸡受精率、孵化率下降，弱雏较多。

本病和慢性呼吸道病、慢性禽霍乱、禽痘以及维生素A缺乏症等的临诊症状相类似，仅从临诊上来诊断本病有一定困难。

★病理变化

鼻窦部肿胀，鼻窦、眶下窦和眼结膜囊内蓄积有黄色黏稠分泌物或干酪样物。

脸部及肉髯皮下组织水肿，呈胶冻样，病程较长时，呈白色干酪样。

严重时，气管黏膜充血、出血，内有黏稠分泌物。

病程较长的可见眼结膜充血、出血；卵泡变性、坏死和萎缩等。

★防治措施

1.预防

采用当地分离株制成的疫苗接种是预防本病的有效措施，环境净化对有效预防本病至关重要，平时加强饲养管理，搞好环境卫生与通风换气，严格消毒，避免过度拥挤，禁止混养等。

2.治疗方案

（1）根据药敏试验结果，选择高敏的抗微生物药饮水或拌料，连用5～7 d，间隔3～5 d，重复1个疗程。对于发病急的鸡群可以肌内注射敏感的抗生素。配合复方维生素纳米乳口服液或优质鱼肝油饮水或拌料，利于本病的康复。

（2）采用解毒化痰、止咳平喘的中药制剂治疗。

【处方1】鼻炎宁散

紫菀25 g，紫花地丁、金银花各15 g，麻黄、连翘各20 g，蒲公英5 g。

【用法与用量】混饲，每1 kg饲料0.5 g/只，连用3～5 d。

【处方2】穿鱼金荞麦散

蒲公英、桔梗、黄芩各80 g，甘草、桂枝、麻黄、板蓝根、野菊花、辛夷各50 g，苦杏仁35 g，穿心莲、金荞麦各100 g，鱼腥草120 g，冰片5 g。

【用法与用量】混饲，每1 kg饲料10 g，连用5～7 d。

【处方3】辛夷花、苍耳子、防风、生地黄、赤芍各200 g，白芷、桔梗、半夏、葶苈子、薄荷、茯苓、泽泻、甘草各120 g，黄芩300 g。

【用法与用量】粉碎混匀，按每只鸡每天3 g用沸水浸泡2 h，取汁使每1 mL含生药1 g，一次加水饮服，重病用滴管灌服3～4 mL，药渣拌入料中喂服。

【处方4】金银花10 g，板蓝根6 g，白芷25 g，防风、苍术、苍耳子各15 g，黄芩、甘草各8 g。

【用法与用量】研细，成鸡每次1.0～1.5 g，拌料喂服，2次/d；预防量减半。

【处方5】石黄散（河南省现代中兽医研究院研制）

麻黄12 g，生石膏15 g，枯芩、紫萁贯众各8 g，鱼腥草、板蓝根各9 g，苦杏仁、茵陈、山豆根、桑白皮各7 g，厚朴、陈皮、连翘、贝母、甘草各6 g，大青叶10 g等。

【用法与用量】0.25～1.5 g/只，1次/d，连用3～5 d。病情严重时加倍使用。

病鸡呼吸困难，眶下窦肿胀

眼和鼻孔周围有干酪样分泌物附着，面部肿胀

眼内有脓性分泌物，眼睑及眶下窦肿胀

面部肿胀，眼盲

面部肿胀，眼盲

颜面部、肉髯和眼周围肿胀，延及颌下和肉髯的皮下组织水肿

面部及眶下窦肿胀

单侧鼻窦肿胀，致使眼睛外移而失明

眼球周围及颌下高度肿胀，致使眼球外移，引起失明

眼球周围高度肿胀，呈蘑菇头状

皮下组织水肿

皮下组织水肿

头部皮下有胶冻样渗出

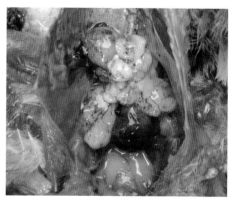

卵泡变性、坏死、萎缩

鼻甲骨出血

鼻腔内有黄白色干酪样物

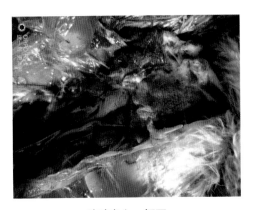

肺脏出血、坏死

大肠杆菌病与传染性鼻炎混合感染引起肿脸、失明

七、禽葡萄球菌病

★概述

禽葡萄球菌病（staphylococcal disease）是由金黄色葡萄球菌（*Staphylococcus aureus*）引起家禽的一种以渗出性素质、出血、溶血和化脓性炎症等为特征的局部感染或败血性传染病，也是一种环境性疾病。

★病原

葡萄球菌为革兰氏阳性球菌，无鞭毛，无荚膜，不形成芽孢，为需氧或兼性厌氧菌，在普通培养基上生长良好，固体培养基上形成有光泽、圆形凸起的菌落，一般呈葡萄串状排列，在鲜血平板上培养24 h能形成中等大小的金黄色菌落，出现溶血环。其中金黄色葡萄球菌为主要的致病菌，葡萄球菌对外界环境的抵抗力较强，一般消毒药需30 min方能奏效，3%～5%的石炭酸和70%酒精在几分钟内即可杀死。

★流行病学

传染源：病禽是主要传染源。

传播途径：伤口感染是感染的主要途径，也可通过呼吸道、消化道和种蛋感染。

易感动物：各种日龄的禽类均易感，以40～80日龄的雏鸡最易感。

本病四季均可发生，以雨季、潮湿和气候突变的季节多发。饲养密度过大、通风不良、舍内空气污浊、饲料单一、缺乏维生素和矿物质及存在某些疾病等情况下均可成为本病发生的诱因。

本病常与大肠杆菌病、慢性呼吸道病、鸡痘等混合感染，加上耐药菌株的存在，致使治疗难度大。

★临床症状

在实际临床中，本病可分为急性败血型和慢性型两种。

1.急性败血型

多见于雏鸡和育成鸡，具有发病急、病程短、死亡率高的特点。

病鸡精神沉郁，发热，呆立，翅下垂，缩头闭眼，饮食量减少或废绝，排灰白色或黄绿色稀粪。

病鸡胸腹背部羽毛大片脱落，胸腹部及股内侧皮下水肿，呈紫黑色，破溃后流出茶色或紫红色液体污染周围羽毛。

部分病鸡头颈、翅膀背侧和腹面、翅尖、尾、脸、背和腿等处皮肤上有大小不等的出血灶和炎性坏死，局部干燥，结痂。

部分病鸡跛行，多为1条腿1个关节（踝关节、跖趾关节）。

2.慢性型

慢性型分为关节炎型、脐炎型、眼炎型和皮炎型。

（1）关节炎型：雏鸡和成年鸡均可发生，肉仔鸡多发。

病鸡关节肿胀、发热、疼痛，如胫关节、趾关节和跗关节肿大，触之有热痛和波动感。肌腱、腱鞘呈炎性肿胀，肿胀部位呈紫色或紫黑色，久之肿胀部位发硬，有的溃烂后形成黑色结痂，跛行，行动不便，采食困难，卧地不起，逐渐消瘦、衰竭死亡；有时胸部龙骨发生浆液性滑膜炎。

（2）脐炎型：多见于出壳后1周内的雏鸡，病程短，死亡率高，一般2~5 d死亡。

病鸡精神萎靡，体质瘦弱，食欲废绝，卵黄吸收不良，腹部膨大，脐孔肿大发炎，局部呈黄红色或紫黑色，触摸硬实，俗称大肚脐（这点与雏鸡脐炎型大肠杆菌病、雏鸡鸡白痢、禽副伤寒相似），常因败血症死亡。

（3）眼炎型：初期病鸡以眼结膜炎为主，一侧或两侧结膜发炎、红肿、流黄色脓性黏液，上下眼睑黏合，眶下窦肿胀；后期病鸡眼球下凹、干缩，失明等。

（4）皮炎型：病死率高，病程多在2~5 d。病鸡精神沉郁，羽毛松乱，部分病鸡腹泻，头颈、翅膀背侧和胸腹部等皮肤上出现大小不等的出血斑，炎性坏死。

★病理变化

1.急性败血型

整个胸腹部及皮下充血、出血，呈弥漫性紫红色，皮下有黄红色胶冻样水肿液。

肝脏、脾脏肿大，呈紫红色，有白色坏死点散在。

心包积液，心冠脂肪及心外膜有时出血。

肠黏膜充血、出血；泄殖腔黏膜出血、溃疡、坏死等。

腹腔有腹水和纤维素性渗出物等。

2.慢性型

（1）关节炎型：关节肿胀，关节腔内有积液或脓样物，后转为干酪样物，关节周围结缔组织增生，部分关节肿大，滑膜增厚，充血或出血（这点与病毒性关节炎、滑液囊支原体病相似）。

（2）脐炎型：脐部肿大，呈紫红色或紫黑色，有暗红色或黄红色液体，随后转化为脓性干酪样物（这点与雏鸡脐炎型大肠杆菌病、雏鸡鸡白痢、禽副伤寒相似）。

卵黄吸收不良，呈黄红色或黑灰色，液体状或内混絮状物。

肝脏表面有出血点。

（3）眼炎型：多数病鸡为眼结膜炎，流淡黄色脓性分泌物；少数病鸡胸腹部皮下有出血斑点，心冠脂肪有少量出血点。

（4）皮炎型：病死鸡局部皮肤增厚、水肿，头颈部、翅膀背侧、胸腹部皮肤及大腿内侧皮下充血、出血、水肿，切开肿胀部位可见大量的黄色或粉红色胶冻样液体。

部分病死鸡皮肤干燥，胸肌、腿肌有出血斑或带状出血，肌肉呈紫红色，肝脾肿大，肠黏膜呈卡他性炎症。

★防治措施

1.预防

接种是预防本病的重要措施，平时加强饲养管理，搞好环境卫生，严格消毒，保持合适的饲养密度与舍内温湿度，减少外伤的发生等可降低发病率。

2.治疗方案

（1）根据药敏实验结果，筛选敏感的抗微生物药饮水或拌料。

（2）选用清热解毒、凉血止痢的中药治疗。

【处方1】金荞麦散

金荞麦。

【用法与用量】以0.2%的比例拌料，连喂3～5 d；预防量，以0.1%的比例拌料连喂3 d。

【应用】可使用金荞麦全草（根、茎、叶、花）制剂或根制剂。

【处方2】复方三黄加白汤

黄连、黄柏、黄芩、白头翁、陈皮、香附、厚朴、茯苓、甘草各200 g。

【用法与用量】共煮水，供体重1 kg以上1 000只病鸡1 d饮用，连用3 d。

【处方3】加味三黄汤

黄芩、黄连叶、焦大黄、黄柏、板蓝根、茜草、大蓟、车前子、神曲、甘草各等份。

【用法与用量】按每只鸡每天2 g煎汁拌料，1剂/d，连喂3 d；预防用量减半。

【处方4】鱼腥草、麦芽各90 g，连翘、白及、地榆、茜草各45 g，大黄、当归各40 g，黄柏50 g，知母30 g，菊花80 g。

【用法与用量】粉碎混匀，按每只鸡3.5 g/d拌料喂服，4 d为1个疗程。

【应用】用本方治疗葡萄球菌病鸡，服药后6 d控制病情，第8天症状完全消失。对氯霉素等抗生素治疗效果不明显的病鸡显出较好的疗效。

（3）严重感染时，肌内注射庆大霉素注射液、阿米卡星注射液或卡那霉素注射液等。

①庆大霉素注射液：雏鸡0.2万~0.4万u/只，1次/d，连续治疗2~3 d。

②阿米卡星注射液：2万~4万u/kg体重，1次/d，连续治疗2~3 d。

③卡那霉素注射液：雏鸡0.5万~0.8万u/只，1次/d，连续治疗2~3 d。

急性败血型：皮下出血，呈蓝紫色

急性败血型：翅部形成脓肿

急性败血型：皮肤坏死

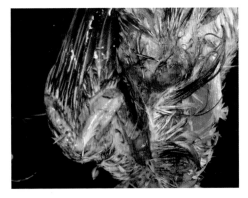

急性败血型：腿部皮肤溃烂出血，翅膀腹侧出血

急性败血型：翅膀腹侧出血

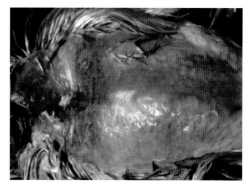

急性败血型：胸部皮肤出血，羽毛脱落

急性败血型：皮肤破溃，皮下溶血

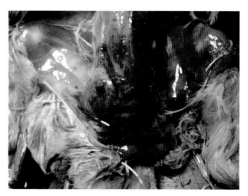

急性败血型：胸腹部及腿部内侧肌肉呈弥漫性出血

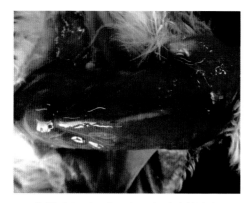

急性败血型：皮下有血色胶冻样渗出

急性败血型：肝脏肿大，表面有白色坏死点散在

急性败血型：肝脏坏死，有白色坏死点散在

慢性型：鸡冠肿胀，有溃疡结痂

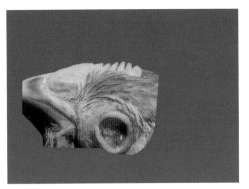

慢性型：眼睑肿胀，眼结膜充血、出血

慢性型：趾部红肿

慢性型：趾部有溃疡结痂

慢性型：趾部溃疡、坏死

慢性型：胸肌发炎、出血

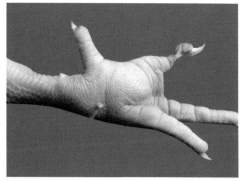

慢性型：关节及趾部肿胀

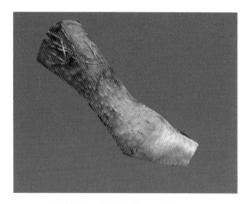

慢性型：关节肿胀，皮下出血

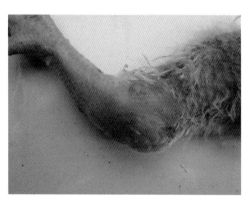

慢性型：关节肿胀

慢性型：关节高度肿胀

慢性型：关节肿胀，切开后有胶冻样物

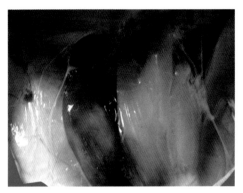

慢性型：肌肉出血，皮下有淡黄色胶冻样物，渗出液增多

八、鸡弧菌性肝炎

★概述

鸡弧菌性肝炎（avian campylobacter hepatitis）是由空肠弯曲菌（*Campylobacter jejuni*）引起的细菌性传染病，也称为鸡弯曲杆菌性肝炎、鸡传染性肝炎。该病具有高发病率、低死亡率及慢性经过的特点，以肝脏肿大，质脆易碎，表面形成星芒状或雪花状坏死灶为主要病理特征。目前发病呈上升趋势。

★病原

空肠弯曲菌属于革兰氏阴性菌，无芽孢，菌体纤细，呈"S"形、螺旋形、撇形和鸥形等多种形态。微需氧，对营养要求较高，在含10%二氧化碳的环境中生长良好，对干燥、阳光和一般消毒剂敏感。

★流行病学

传染源：病鸡、带菌鸡和带菌动物是主要传染源，常随粪便排出病原菌。

传播途径：被病原菌污染的饲料、饮水、垫料等经消化道传播。目前认为不会或很少垂直传播。

易感动物：各种日龄鸡均易感。

本病病程长，自然发病仅见于鸡，多散发，开产前后的鸡多发，日龄越小，发病率越高，蛋鸡产蛋率下降。

★临床症状

雏鸡以精神倦怠、沉郁、腹泻为特征，粪便呈黄褐色、浆糊样软便，继而成水状。

青年鸡发病时常呈亚急性或慢性，死亡率偏高。

产蛋鸡精神沉郁，鸡冠发白、萎缩，腹泻，开产推迟，砂壳蛋、软壳蛋增多，很难达到产蛋高峰，高峰期蛋鸡产蛋率下降25%～35%，零星死亡，泄殖腔外翻等。

少数病鸡耐过后消化不良，终因营养不良而消瘦死亡。

★病理变化

典型病变在肝脏，分为急性期、亚急性期和慢性期，病理变化有所不同。

急性期：肝脏肿大，瘀血，边缘钝圆，表面有出血点或出血斑，黄白色星芒状小坏死灶散在；肝被膜下有大小不一的出血灶；有时出血和坏死灶同时存在。严重时，整个肝脏或局部性有黄白色星状或雪花状坏死灶。

亚急性期：肝脏稍肿呈黄褐色，边缘质硬，有时坏死区扩大至整个肝脏。

慢性期：肝脏边缘锐利，实质脆弱或硬化，坏死灶呈灰白色至灰黄色，布满整个肝实质，呈网格状。肠腔内有黏液和水样内容物，泄殖腔外翻。心包液增多，心肌呈黄褐色。脾脏肿大，呈斑驳状。肾脏肿大，质脆，呈黄褐色或苍白，有黄白色点状坏死灶散在。卵巢萎缩，输卵管黏膜出血，内有完整的蛋。常因肝脾破裂形成血性腹水。

★防治措施

1.预防

本菌是条件性致病菌，因此要采取综合性管理措施，如搞好环境卫生、加强消毒等。

2.治疗方案

全群给药进行治疗，配合电解多维或复方维生素纳米乳口服液饮用。

（1）选择敏感的抗微生物药饮水或拌料。

（2）采用清热解毒、疏肝利胆的中药制剂治疗。

【处方1】大青叶、虎杖、大黄、柴胡、黄芩各10 g，茵陈、栀子、车前子各15 g。

【用法与用量】按0.5%～1%拌料，混合均匀后，连用5～7 d。

【处方2】枸杞子、白菊花、当归、熟地黄各75 g，黄芩、茺蔚子、柴胡、青葙子、草决明各50 g。

【用法与用量】水煎，供100只成鸡1 d拌料喂服，连服12 d。

【应用】用本方治疗曾用土霉素等药治疗无效的病鸡效果显著，能使产蛋率回升。

【处方3】加减茯白散（河南省现代中兽医研究院研制）

板蓝根15～25 g，白芍10～20 g，茵陈20～30 g，龙胆草10～15 g，党参7.5～15 g，茯苓7.5～15 g，黄芩10～20 g，苦参10～20 g，甘草10～30 g，车前草10～30 g，金钱草15～45 g。

【应用】对多因素引起的肝脏肿大等具有治疗或缓解功效。

【用法与用量】0.5～2.0 g/只，1次/d，连用5～7 d。

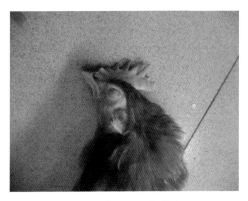

贫血，鸡冠及面色苍白

肉鸡急性死亡

胸肌贫血，腹腔有血性腹水

肝脏有凹陷的斑状坏死灶

肝脏表面布满略凹陷的暗红色出血性病灶

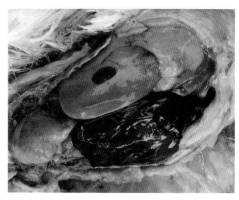

肝脏质脆易碎，有血凝块

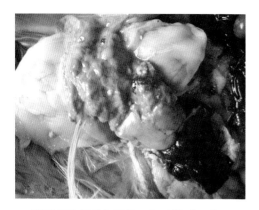

肝脏质脆易碎如泥状，肝脏被膜下出血

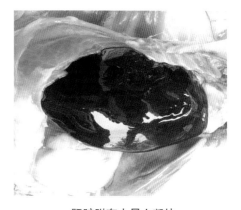

肝脏附有大量血凝块

肝脏肿大、出血、坏死

肝脏表面有出血斑点

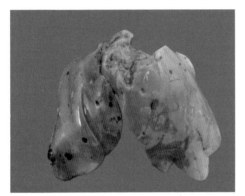

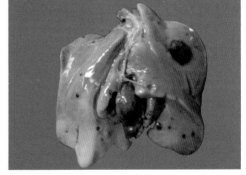

肝脏色淡，表面有出血囊

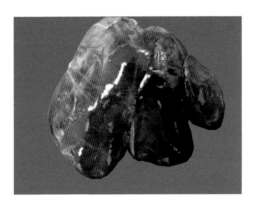

肝脏肿大、出血，边缘钝圆

肝脏肿大，点状出血

肝脏色黄，点状出血

肝脏肿大，表面布满大小不一的坏死灶

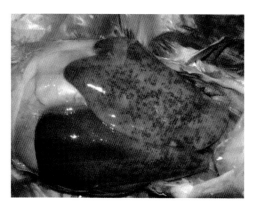

肝脏肿大质脆，边缘钝圆，表面有出血斑点

肝脏出血，边缘锐利，硬化，坏死灶大小不一，
呈灰白色至灰黄色，网格状

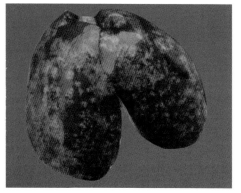

肝脏肿大、出血，表面有雪花状坏死灶散在、
片状坏死

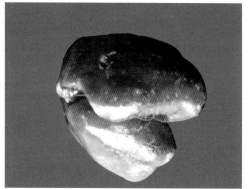

肝脏肿大，有星状坏死灶散在

肝脏表面有大小不一的雪花状坏死灶

肝脏肿大、出血，有星状坏死、片状坏死

肝脏硬化，坏死灶呈灰白色

鸡弧菌性肝炎与大肠杆菌病混合感染引起的肝被膜增厚、脱落，局部坏死

九、坏死性肠炎

★概述

坏死性肠炎（necrotic enteritis，NE）是由A型或C型产气荚膜梭菌（*Clostridium perfringens*）及其产生的毒素引起禽的一种急性细菌病，又名肠毒血症、烂肠症，以排黑色间或混有血液的粪便，肠道黏膜水肿、坏死为特征。

★病原

病原菌革兰氏染色为阳性，长4～8μm、宽0.8～1μm，为两端钝圆的粗短杆菌，单独或成双排列，为产芽孢的厌氧菌，芽孢呈卵圆形，位于菌体中央或近端，有荚膜，无鞭毛，不运动。最适宜培养基是血液琼脂平板，37℃厌氧过夜可形成圆形光滑的菌落，直径2~4 mm，并出现两条溶血环，内环完全溶血，外环不完全溶血（多用兔、绵羊血）。本菌由于产生芽孢，对外界具有较强的抵抗力，但不耐热，90 ℃ 30 min、100 ℃ 5 min即可死亡。

★流行病学

传染源：病鸡、带菌鸡及被病原菌污染的尘埃、物品、垫料等。

传播途径：经消化道感染。

易感家禽：7~12周龄火鸡易感，2~8周龄肉鸡多发病。

本病四季均可发生，自然发病日龄为2周龄至6月龄，以2~8周龄肉鸡、雏鸡、青年鸡及蛋鸡多发。机体抵抗力下降、某些应激因素、消化机能障碍、球虫感染等均可诱发本病或加重病情。

★临床症状

急性发病鸡精神沉郁，眼半闭合或闭合，采食量和饮水量减少，排红褐色或黑褐色焦油样粪便，或混有脱落的肠黏膜组织。

慢性病鸡生长受阻，拉灰白色稀粪，终因衰竭死亡。

耐过鸡发育不良，肛门四周被粪污染。

★病理变化

病变主要是小肠，尤其是空肠、回肠、部分盲肠。肠管内壁增厚、充血、出血、瘀血或因附着黄褐色假膜而肥厚脆弱，剥去假膜后，肠黏膜可见卡他性炎症至坏死性炎症的各阶段病变，肠管内容物为液状，呈血色或黑绿色；盲肠黏膜附有陈旧性血样物；肠系膜多数水肿。肾脏肿大、褪色；肝脏充血，有小的圆形坏死灶散在。

★防治措施

1.预防

加强饲养管理，搞好环境卫生，严格消毒，加强通风，饲养密度合理，消除应激因素，防止维生素E和硒缺乏，做好球虫病及肠道性疾病的预防等措施均

可降低发病率。

2.治疗方案

全群给药进行治疗，配合维生素C可溶性粉和复方维生素纳米乳口服液饮用，利于本病的康复。

（1）选用敏感的抗微生物药饮水或拌料；严重病例肌内注射庆大霉素、头孢噻呋钠等抗生素。

（2）选用清热解毒、燥湿止痢的中药制剂治疗。

【处方1】白龙散

白头翁600 g，龙胆草300 g，黄连100 g。

【用法与用量】1～3 g/只。

【处方2】白头翁散

白头翁、秦皮各60 g，黄连30 g，黄柏45 g。

【用法与用量】2～3 g/只。

【处方3】清瘟止痢散

大青叶、板蓝根、拳参、绵马贯众、白头翁各15 g，紫草、地黄、玄参、黄连、木香、柴胡各10 g，甘草6 g。

【用法与用量】混饲，每1 kg饲料5 g。

【处方4】白马黄柏散

白头翁、黄柏各300 g，马齿苋400 g。

【用法与用量】1.5～6 g/只。

【处方5】锦板翘散

地锦草100 g，板蓝根60 g，连翘40 g。

【用法与用量】3～6 g/只。

【处方6】葛根连柏散

葛根60 g，黄连20 g，黄柏48 g，赤芍、金银花各36 g。

【用法与用量】混饲，每1 kg饲料8 g，连用3～5 d。

【处方7】穿甘苦参散

穿心莲150 g，甘草125 g，吴茱萸10 g，苦参75 g，白芷、板蓝根各50 g，大黄30 g。

【用法与用量】混饲，每1 kg饲料3～6 g，连用5 d。

【处方8】板金痢康散

板蓝根、白头翁各150 g，金银花、白术各60 g，黄芩、黄柏、穿心莲、黄芪、苍术各100 g，木香30 g，甘草50 g。

【用法与用量】1～2 g/只。

【处方9】金连散（河南省现代中兽医研究院研制）

金银花、黄连、连翘、乌梅各10 g，诃子、白矾、枳壳各9 g，地榆12 g，焦三仙45 g，陈皮、黄芪各8 g等。

【用法与用量】1～3 g/只。

【应用】治疗禽腹泻、坏死性肠炎等，连用5 d。

【处方10】青胆散（河南省现代中兽医研究院研制）

青蒿、血见愁各10 g，苦参、龙芽草、地锦草、白头翁各9 g，地胆草、柴胡各8 g，太子参6 g等。

【功能】清热凉血，杀虫止痢。

【用法与用量】0.5～3 g/只。

【应用】治疗坏死性肠炎及坏死性肠炎与球虫病混合感染引起的肠毒综合征，连用4～5 d。

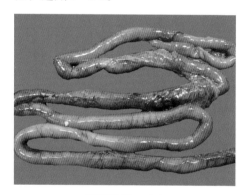

肠道肿胀、出血

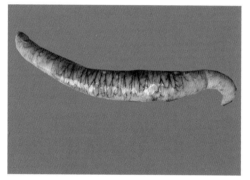

肠道胀气、肿胀、坏死

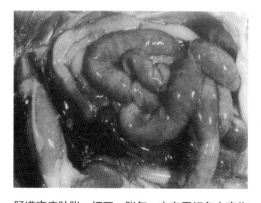

肠道高度肿胀、坏死、胀气，内有黑褐色内容物

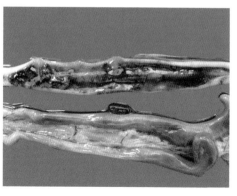

肠黏膜出血，内有血样物

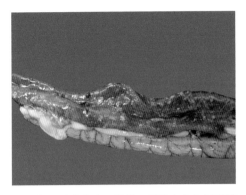

十二指肠黏膜充血、脱落，肠腔内有多量黏液

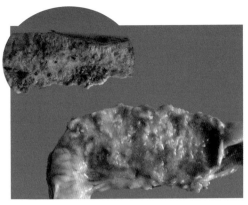

肠内壁形成黄褐色假膜

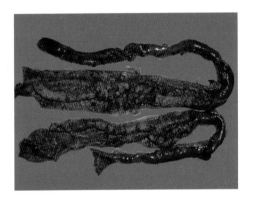

肠内壁增厚、水肿，黏膜坏死，脱落后和肠
内容物形成栓子，有时混有血液

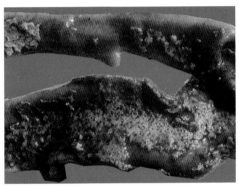

小肠黏膜坏死，形成坏死性假膜

盲肠黏膜附有陈旧性血样物

肝脏充血，有小的圆形凹陷性出血灶

十、溃疡性肠炎

★概述

溃疡性肠炎（ulcerative enteritis, UE）是由肠道梭菌（*Clostridium colinum*）引起的多种幼禽的一种急性细菌性传染病，以突然发病和死亡率急剧增加为临床特征，以肝脏、脾脏坏死，肠道出血、溃疡为主要病理特征。本病最早发现于鹌鹑，故又称为鹌鹑病（quail disease）。

★病原

肠道梭菌为革兰氏阳性大杆菌，大小为1 μm×（3~4）μm，单个存在，呈杆状或稍弯，两端钝圆，菌体近端见芽孢，有鞭毛，无荚膜。芽孢对化学制剂和物理变化的抵抗力特别强，一般消毒药不易将其杀灭，养殖场一旦发生本病就很难根除。

★流行病学

传染源：病鸡和带菌鸡。

传播途径：健康鸡因采食被污染的饲料、饮水、垫料、环境等经消化道感染。

易感动物：自然条件下鹌鹑易感性最高，鸡、火鸡、鸽均可自然感染，多发生于幼禽。

本病多发生于4~12周龄的鸡、3~8周龄的火鸡及4~12周龄的鹌鹑，呈地方流行性，饲养管理卫生条件差、闷热潮湿的养禽场发病率高。

★临床症状

急性病例多突然死亡，一般没有典型的临床症状，死亡率高达100%。雏鸡发病与球虫病临床症状相似。

慢性感染时，病鸡精神不振，食欲下降，羽毛松乱，眼半闭、少活动，胸肌萎缩，逐渐消瘦；排白色水样稀粪，或带血粪便，具有一种特殊的恶臭味等。

★病理变化

以肝脏、脾脏坏死，肠道出血、溃疡为主要病理特征。

肝脏肿大呈紫褐色或砖红色，表面或边缘有粟粒至黄豆大的黄色或灰白色坏死灶。

脾脏肿大、出血和瘀血，呈黑褐色。

十二指肠常呈出血性肠炎，小肠黏膜增厚、发黑、出血，黏膜上附有不规则块状或麦麸状黄白色坏死物，黏膜有时有坏死灶，周围有一暗红色晕圈。

盲肠黏膜出血，有灰白色或干酪样的溃疡灶呈粟粒大突起，中间凹陷，边缘出血，溃疡深入肌层后引起穿孔，形成腹膜炎或造成内脏粘连等。

★鉴别诊断

与球虫病的鉴别：症状相似，球虫病使用磺胺类药物治疗效果明显，而溃疡性肠炎则无效。

与组织滴虫病的鉴别：溃疡性肠炎在小肠、盲肠的病理变化与组织滴虫病相似，但溃疡性肠炎粪便呈白色水样，组织滴虫病的盲肠则有干酪样的栓塞。

与坏死性肠炎的鉴别：坏死性肠炎的肠道有较明显的出血，常有假膜附着，其病原菌为产气荚膜梭菌；将病鸡的肠道内容物饲喂鹌鹑，若鹌鹑发病并出现剧烈腹泻则是溃疡性肠炎。

★防治措施

参考坏死性肠炎。

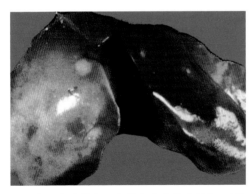

肝脏表面有淡黄色至灰黄色斑点状变性坏死区

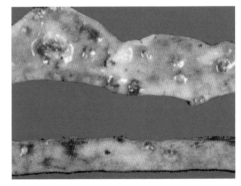

溃疡灶早期出血，严重时溃疡灶有假膜和坏死膜

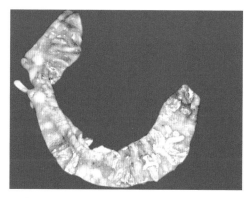

肠内有不规则的块状或麦麸状黄白色坏死物，多为脱落的肠黏膜

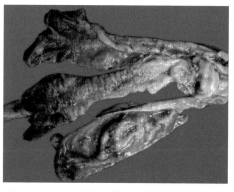

盲肠内有不规则的块状或麦麸状黄白色坏死物，多为脱落的肠黏膜

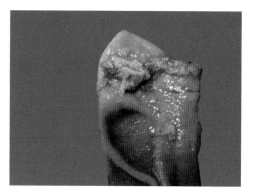

肠黏膜水肿，附有块状的黄白色物

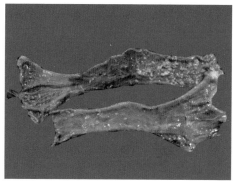

肠黏膜点状出血，有不规则的块状黄白色坏死物

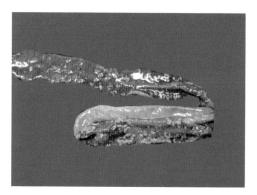

肠黏膜广泛性出血，有不规则的块状黄白色坏死物

十一、鸡毒支原体感染

★ 概述

鸡毒支原体感染（mycoplasma gallisepticum infection）是鸡和火鸡的慢性呼吸道病，也称为慢性呼吸道病（chronic respiratory disease，CRD），主要特征为咳嗽、流鼻液、呼吸道啰音、张口呼吸、眶下窦肿胀，在火鸡上表现为气囊炎、鼻窦炎。

本病病程长，成年鸡多为隐性感染，目前肉鸡及20～90日龄的青年鸡发病呈上升趋势，给养鸡业造成严重的经济损失。

★ 病原

鸡毒支原体（mycoplasma gallisepticum，MG）是支原体属中的一个致病种，没有细胞壁，仅有细胞膜包裹，为自我复制的很小的原核生物，电子显微镜下MG通常呈球形、杆状、丝状及多形性，直径为0.25～0.5 μm，能通过常规的细菌滤器。姬姆萨着色良好，革兰氏染色为阴性。MG营养需求较高，在固体培养基上菌落光滑、圆形、中央突起，如"煎蛋"状。MG属于血清A型，抵抗力较差，一般消毒剂能将其杀死。

★ 流行病学

传染源：病鸡和隐性感染鸡是主要传染源。

传播途径：典型的垂直传播，也可经被污染的尘埃、飞沫、饲料、饮水等经呼吸道和消化道感染。

易感动物：不同品种、日龄的鸡均可感染，以4～8周龄的鸡和火鸡最易感。

本病四季均可发生，以秋末冬初和春季多发。饲养管理不善、饲养密度大、通风不良、湿度大、温差大等因素均可诱发本病。

与其他疾病混合感染时，致使病情加重、死亡率增加，可高达30%以上。雏鸡感染率与死亡率高，成年鸡多为散发，发病率和死亡率较低。

临床发现：①近几年肉鸡发生的支气管栓塞症、气囊炎、黑心肺等症，MG是常见的病原之一。②蛋鸡发生肿头肿脸症时，常检测到MG病原的存在。

★临床症状

人工感染潜伏期为4～21 d，自然感染难以确定。

雏鸡表现症状严重。病鸡眼圈周围皮肤发紫，眼睛分泌物有气泡，鼻腔流浆液或黏液性鼻液，造成鼻孔堵塞引起呼吸困难，频频摇头，打喷嚏，咳嗽，出现鼻窦炎、结膜炎和气囊炎。当炎症蔓延至下部呼吸道时，则喘气和咳嗽更为显著，并有呼吸道啰音。后期因鼻腔和眶下窦中蓄积渗出物导致眼睑肿胀，蓄积物突出眼球外似"金鱼眼"，导致失明。

病鸡精神沉郁，生长迟缓，渐进性消瘦，零星死亡等；有时可见关节炎，出现跛行，站立不稳等。

青年鸡和成年病鸡症状与病雏鸡相似，症状较缓和，产蛋率下降，种鸡产蛋率、受精率、孵化率下降等。

★病理变化

呼吸道黏膜水肿、充血、肥厚，窦腔内充满黏液、豆腐渣样分泌物或干酪样渗出物。

气囊壁混浊、增厚，气囊内有黄白色气泡，气囊壁附有干酪样渗出物。

眼结膜潮红，肠系膜附有黄白色干酪样物。

★鉴别诊断

与传染性鼻炎的鉴别：传染性鼻炎的发病日龄及面部肿胀、流鼻液、流泪等症与支原体感染相似，但传染性鼻炎通常无明显的气囊病变及呼吸道啰音。

与传染性支气管炎的鉴别：传染性支气管炎表现鸡群急性发病，输卵管有特征性病变，成年鸡产蛋量大幅度下降并出现畸形蛋，各种抗菌药物均治疗无效。

与传染性喉气管炎的鉴别：传染性喉气管炎表现全群鸡急性发病，呼吸困难并咳出带血的黏液，很快出现死亡，各种抗菌药物均治疗无效。

与新城疫的鉴别：新城疫表现全群鸡急性发病，消化道严重出血，并出现神经症状；新城疫可诱发支原体感染，而且其严重病症会掩盖支原体感染，往往是新城疫症状消失后，支原体感染的症状才逐渐显示出来。

★防治措施

1.预防

免疫接种对预防本病有一定的效果，而净化种鸡是防治本病的关键措施。加强饲养管理，健全卫生管理制度，严格消毒，采用"全进全出"的饲养方式，做好常见疾病的免疫等措施可降低发病率。

2.治疗方案

（1）抗微生物药饮水或拌料，如沃尼妙林、泰万菌素、泰妙菌素、林可霉素、泰乐菌素、氟苯尼考、硫氰酸红霉素、盐酸多西环素等。

（2）采用解毒化痰、止咳平喘的中药制剂治疗。

【处方1】麻黄鱼腥草散

麻黄、黄芩、穿心莲、板蓝根各50 g，鱼腥草100 g。

【用法与用量】混饲，每1 kg饲料15～20 g。

【处方2】呼炎康散

麻黄24 g，苦杏仁、连翘、桔梗各50 g，生石膏90 g，甘草、黄芩各60 g，板蓝根、鱼腥草各80 g，山豆根、射干各75 g。

【用法与用量】内服，每1 kg体重1 g，连用5 d。

【处方3】甘胆口服液

板蓝根100 g，人工牛黄、玄明粉各30 g，甘草40 g，冰片、猪胆粉各20 g。

【用法与用量】混饮，每1.5 L饮水1 mL，连用3～5 d。

【应用】用于传染性支气管炎与鸡毒支原体混合感染引起的肺热咳喘。

【处方4】清肺散

鱼腥草100 g，黄芩、连翘、板蓝根各40 g，麻黄、款冬花、甜杏仁、桔梗、生甘草各25 g，贝母、姜半夏各30 g，枇杷叶90 g。

【用法与用量】25～30日龄肉鸡按每只每天1 g，水煎2次，合并滤液，分上、下午混入饮水中饮服，连用4～6 d为1个疗程。

【应用】用本方治疗65群28 390只肉鸡慢性呼吸道病，总有效率为98.5%。

【处方5】济世消黄散

黄连、黄柏、黄芩、栀子、黄药子、白药子、款冬花、知母、贝母、郁金、秦艽、甘草各10 g，大黄5 g。

【用法与用量】水煎3次，供100只成年鸡1日饮服。　　．

【应用】治疗鸡慢性呼吸道病及其继发性大肠杆菌病。

【处方6】桔梗、金银花、菊花、麦冬各30 g，黄芩、麻黄、杏仁、贝母、桑白皮各25 g，生石膏20 g，甘草10 g。

【用法与用量】水煎取汁，供500只鸡兑水饮用，1剂/d，连用5～7 d。

【应用】用本方共计治疗13 000多只病鸡，总有效率97%以上。

【处方7】肺炎康（河南省现代中兽医研究院研制）

枯芩、鱼腥草、茵陈、板蓝根各12 g，苦杏仁、厚朴、陈皮、紫萁贯众、连翘各9 g，大青叶13 g，山豆根、桑白皮各11 g，贝母7 g等。

【功能】清热宣肺、止咳平喘、理气化痰。

【用法与用量】0.25～1.5 g/只，1次/d，连用3～5 d。

病鸡眼周肿胀

病鸡眼内流出白色泡沫样液体

病鸡精神沉郁，呼吸困难，嗜睡

病鸡张口呼吸

病鸡肢体麻痹，运动障碍

病鸡失明，精神不振

雏鸡支原体感染引起眶下窦肿胀、流鼻液

火鸡感染支原体，引起眶下窦肿胀

病鸡失明

病鸡眼盲

病鸡面部肿胀，上下眼睑黏合，失明

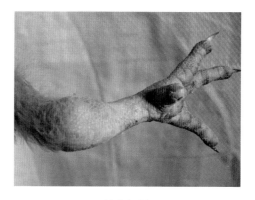

关节红肿

皮下脓肿，关节肿大

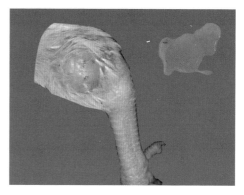

皮下脓肿，切开后流出黄色脓性分泌物

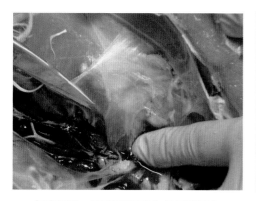

气囊混浊，囊腔附有黄白色干酪样物

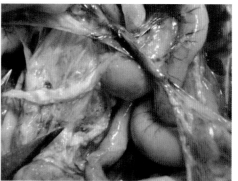

气囊坏死，俗称气囊炎

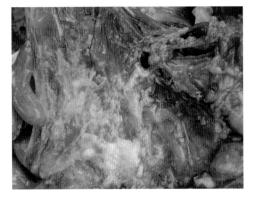

气囊混浊、增厚，附有黄白色干酪样物

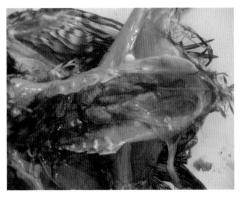

气囊增厚，输尿管内有白色尿酸盐沉积

腹气囊积有气泡

腹气囊附有黄色干酪样物

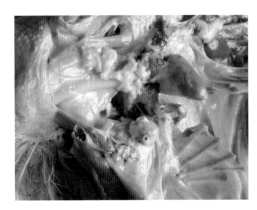

锁骨间气囊附有淡黄色干酪样物

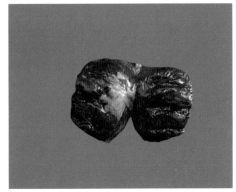

肺脏瘀血

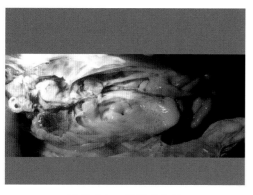

肺脏出血，腹腔有气泡

眶下窦积有淡黄色干酪样物

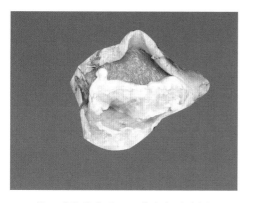

剪开肿胀处皮肤可见黄白色胶冻样物

大肠杆菌病与慢性呼吸道病混合感染引起关节红肿，运动障碍

十二、滑液囊支原体感染

★概述

滑液囊支原体感染（mycoplasma synoviae infection）是由滑液囊支原体（mycoplasma synoviae，MS）引起鸡和火鸡的一种慢性传染病，也称为传染性滑膜炎。本病主要侵害关节滑液囊膜及腱鞘，导致关节肿胀，行走困难，鸡只消瘦，胸骨囊肿；蛋鸡产蛋期无高峰或蛋壳质量差等。本病还可引起上呼吸道感染，引发气囊炎，目前已在全国大范围流行，对我国养禽业造成严重损失。

★病原

滑液囊支原体姬姆萨着色良好，呈多形态的球状体，直径约0.2 μm，无细胞壁，能通过常规的细菌滤器。革兰氏染色阴性，营养需求较高，在固体培养基上菌落光滑、圆形、中央突起，如"煎蛋"状。目前只有一个血清型，对外界抵抗力较差，一般消毒剂能将其杀死。

★流行病学

本病既可水平传播，也可垂直传播，受污染的疫苗也是传播的一个因素，MS与其他病原或环境因素混合感染导致临床症状显著，空气中的灰尘可显著增加气囊病变程度。

不同品种的鸡均可感染，3～16周龄蛋鸡、土鸡多发，目前肉鸡和产蛋鸡发病呈上升趋势，也有1周龄发病的报道。

临床发现：关节病、淀粉样变性、蛋壳尖端异常症（eggshell apex abnormalities，EAA）及蛋鸡开产推迟、无产蛋高峰、产蛋率下降等与滑液囊支原体感染的关联性密切。

★临床症状

以关节肿胀、行走困难、生长迟缓为临床特征。

发病初期鸡精神正常，采食正常，个别鸡体重较轻，手抓骨感明显，中后期鸡精神不振，食欲下降，鸡冠苍白，跛行，关节肿胀，脚垫肿胀，胸囊肿。部分病鸡打喷嚏、咳嗽，蛋鸡开产推迟、无产蛋高峰、产蛋率下降、孵化率降低等。

★病理变化

病变主要为关节和龙骨的滑膜炎。关节肿胀，滑膜增厚。初期关节液增多、透亮、黏稠，中期为淡黄色胶冻样渗出物，后期为脓汁或黄白色干酪样渗出物，渗出液常存在于腱鞘和滑液囊膜（这点与鸡病毒性关节炎类似）。

部分病例胸部龙骨囊肿、出血，有果冻样积液，呼吸道病例可见气囊炎病变。有时可见肝脾肿大，肾脏肿大，颜色苍白，胸腺、法氏囊萎缩。

★防治措施

参考鸡毒支原体感染。

病雏鸡精神沉郁，运动障碍

病鸡运动障碍

病鸡瘫痪

病鸡跗关节、趾关节肿胀

关节红肿

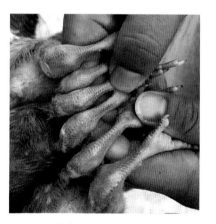

关节不同程度地肿胀

关节肿胀、变形

趾关节肿胀，剪开后流
出白色黏液

跗关节囊肿

剪开囊肿后流出淡黄白色黏液

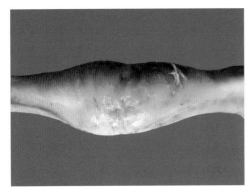

关节肿胀，腔内积有黄色黏液或干酪样物

关节腔内积有黄色干酪样物

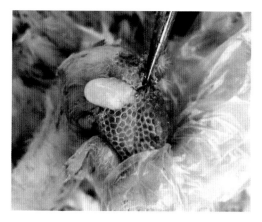

关节内有乳白色黏液

关节积液呈黄色

关节内有黄色黏液

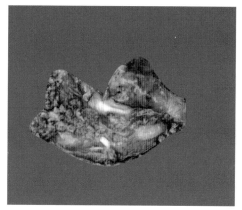

切开关节肿胀部位可见豆腐渣样物

胸部龙骨囊肿，附有干酪样物

龙骨囊肿、增生、出血等

龙骨囊肿、出血，有果冻样积液

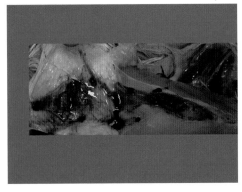

皮下组织增生，内有血凝块等

滑液囊支原体感染与大肠杆菌病混合感染引起跗关节肿胀

滑液囊支原体感染与大肠杆菌病混合感染导致关节积液，周围组织增生

十三、禽曲霉菌病

★概述

　　禽曲霉菌病（aspergillosis avium）是由曲霉菌感染禽类所致呼吸系统及多组织器官病变的一种疾病，又名曲霉菌性肺炎、雏鸡肺炎，主要侵害雏鸡。临床特征为喘气、咳嗽，病理特征为肺、气囊以及胸腹腔浆膜表面形成曲霉菌性结节或菌斑。目前本病发病率逐渐上升，给养禽业造成较大的经济损失。

★病原

　　曲霉菌属种类众多，引起曲霉菌病的主要为烟曲霉（*Aspergillus fumigatus*），其次为黄曲霉（*Aspergillus flavus*）。曲霉菌的气生菌丝一端膨大形成顶囊，上有放射状排列小梗，并分别产生许多分生孢子，形如葵花状。曲霉菌为需氧菌，产毒素，其孢子对理化因子抵抗力很强，煮沸后5 min才能杀死，常用消毒剂有5%甲醛、石炭酸、过氧乙酸和含氯制剂。

★流行病学

传染源：病鸡、霉变的饲料及被霉菌污染的垫料、孵化器、饮水、空气、种蛋等是主要传染源。

传播途径：呼吸道感染为主，通过吸入携带曲霉菌孢子的空气而感染，也可以在蛋中感染，还可经消化道与被污染的孵化器感染。

易感动物：各种鸡均易感，尤其是1～20日龄的雏鸡最易感。

本病对雏鸡危害最大，20日龄内的雏鸡多呈暴发性，成鸡为慢性和散发性，近几年育成鸡和成鸡发病呈上升趋势。雏鸡曲霉菌病的发病率和病死率与感染的日龄、是否感染其他病原等密切相关，日龄越小，发病率和死亡率越高，甚至高达80%。环境阴暗潮湿、空气污浊、通风不良、湿度大、温度高、垫料或谷物霉变等因素可促使曲霉菌大量繁殖而诱发本病，加重病情等。临床发现：南方散养鸡如胡须鸡出现羽毛脱落，生长速度迟缓，体重不达标、鸡冠薄而苍白、萎缩、输卵管发育不良，卵巢萎缩等，常与霉菌感染有关。

★临床症状

病鸡精神不振，羽毛松乱，翅膀下垂，呆立，食欲减退或拒食，渴欲增加，拉黄色或蓝绿色稀粪便，生长停滞，消瘦等。

病鸡鼻孔流浆液性鼻涕，咳嗽，头颈伸直，张口呼吸，发出怪叫声，因呼吸困难导致缺氧引起冠和肉髯暗红色或发紫，有时可见局部坏死等。

病鸡流泪，结膜潮红、充血、肿胀，眼睑粘连闭合，眼睑内有灰白色或黄色干酪样物，呈绿豆粒大小隆起，角膜混浊，有的角膜中央溃疡，有的失明等。

部分病鸡出现扭颈，头向后背，转圈，共济失调，全身痉挛等神经症状。

蛋鸡产蛋减少或停产，病程数天至数月，若种蛋及孵化时受霉菌侵害，则孵化率下降，死胚增加。

病情严重时，口角、咽喉等处附有较厚的灰白色或黄色假膜状物。

★病理变化

鸡曲霉菌病以肺脏、气囊、胸腹腔内脏浆膜面形成曲霉菌性结节或菌斑为病理特征。

肺脏形成典型的霉菌结节，肺脏的霉菌结节形状与大小不一，结节颜色呈多样化，如黄白色、淡黄色、灰白色等，散在分布于肺脏，结节的硬度似橡皮样或软骨样，切开可见层次结构，中心为干酪样坏死组织，内含大量菌丝体，外层为类似肉芽组织的炎性反应层。少数霉菌病灶融合成团。严重时，肺脏钙化，有的病例呈局灶性或弥漫性肺炎变化。

气囊壁、腹腔和胸腹腔浆膜的霉菌结节与肺脏相似。气囊壁点状或局限性混浊，增厚，表面形成大小不一的曲霉菌性结节，或有肥厚隆起的圆形霉菌斑，隆起中心凹下呈深褐色或烟绿色，拨动时见粉状飞扬。有时二者病变同时存在。

鼻黏膜上覆盖污灰色坏死假膜或黄色假膜，将鼻道完全阻塞，假膜剥离后鼻道黏膜呈弥漫性出血。

口角、喉头、气管、支气管等处有较厚的灰白色或黄色假膜状物，剥离后常见出血斑。部分病例可见气管、支气管黏膜充血，内有淡灰色渗出物。

胸前皮下和肌肉等处有大小不等的圆形或椭圆形肿块。

食管、肌胃、腺胃、肠浆膜、心脏、肾脏等处有大小不一的霉菌结节。部分病例腺胃黏膜有出血烂斑，腺胃与肌胃交界处有大小不等的出血或溃疡；小肠、直肠黏膜出血等。

肝脏肿大2~3倍，质脆，呈古铜色，有暗红色出血斑点，有霉菌结节或弥散性的类肿瘤病灶。

大脑脑回有粟粒大的霉菌结节，大小脑轻度水肿，表面有针尖大出血、黄豆粒大的淡黄色坏死灶。

★防治措施

1.预防

加强饲养管理，搞好环境卫生，避免饲料和垫料发霉，加强通风，控制饲养环境的温度和湿度，定期清洗用具，垫料常更换等是预防本病重要的措施。

2.治疗方案

（1）制霉菌素：每100只雏鸡50万~100万IU，拌料喂服，2次/d，连用2~3 d；或克霉唑每100只雏鸡1 g，拌料内服，连用2~3 d，或1∶3 000的硫酸铜溶液或0.5%~1%的碘化钾溶液饮水，连用3~5 d。

（2）中药辅助治疗。

【处方1】桔梗250 g，蒲公英、鱼腥草、苏叶各500 g。

【用法与用量】以上为1 000只鸡1日用量，用药液拌料喂服，2次/d，连用1周。

【应用】用本方治疗鸡曲霉菌病。

【处方2】鱼腥草360 g，蒲公英180 g，黄芩、葶苈子、桔梗、苦参各90 g。

【用法与用量】以上为200只雏鸡用量，每只病鸡每次0.1 g，3次/d，连服3 d。

【应用】治疗对多种抗生素治疗无效的雏鸡曲霉菌病，治愈率为96.8%。

【处方3】柴胡、黄芩、黄芪各70 g，防风、丹参各40 g，泽泻60 g，五味子30 g。

【用法与用量】水煎，供500只肉雏鸡一次内服。

【应用】治疗鸡曲霉毒素中毒，连续用药5 d，鸡群恢复健康。

【处方4】黄芩40 g，鱼腥草60 g。

【用法与用量】水煎取汁，拌料，供100只鸡1次服用，2次/d。

【应用】治疗鸡曲霉菌病，连续用药5 d，有效率97.6%。

病鸡呼吸困难，张口伸颈呼吸

霉菌感染引起失明

病鸡面部有白色霉菌结节

病鸡舌根部有霉菌结节

肺脏有大的霉斑，局部坏死

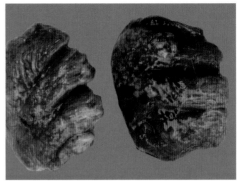

肺脏有霉菌结节，局部坏死

肺脏有豆腐渣样霉菌大结节

肺脏有大小不一的黄色霉菌结节

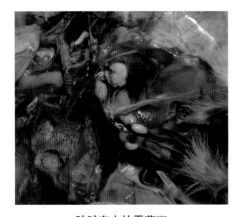

肺脏有大的霉菌斑

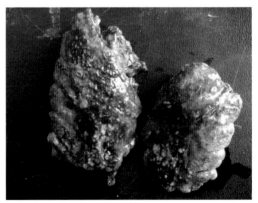

肺脏有小米粒大小的弥漫性霉菌结节，局部坏死

肺脏出血、坏死，气管有大小不一的霉菌结节

肺脏坏死，充满大小不等的白色霉菌结节

肺和气囊有米粒状大小的霉菌结节

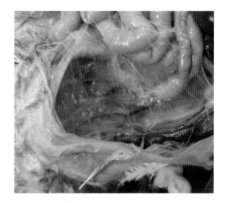

气囊有点状霉菌斑散在

气囊有黑色霉菌斑

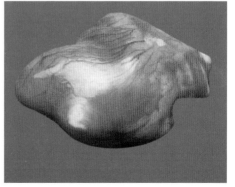

心脏有霉菌结节

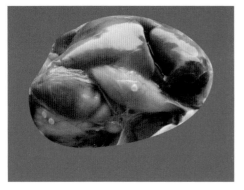

腺胃及肌胃有黄色轮状霉菌结节

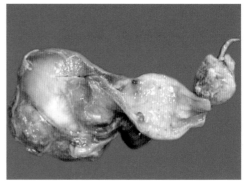

食管、腺胃交界处有大的霉菌结节

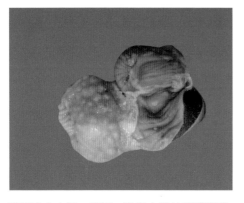

腺胃乳头水肿，腺胃、肌胃交界处黏膜脱落，肌胃角质层易脱落或溃疡，有霉菌结节

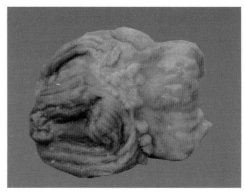

腺胃乳头消失，出血，角质层溃疡，易引起腺肌胃炎

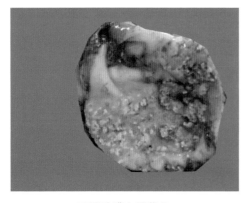

腺胃黏膜有霉菌斑

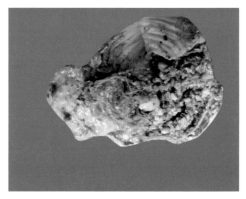

肌胃角质层脱落

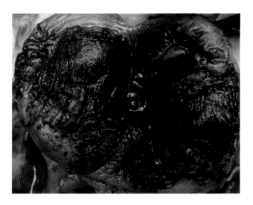

肌胃角质层溃疡

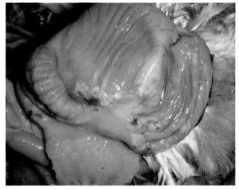

肌胃角质层溃疡

角质层有霉菌结节、溃疡

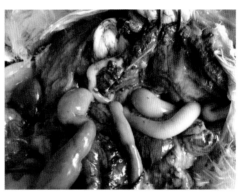

肠系膜变黑

小肠系膜有大的霉菌结节

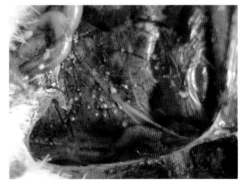

肠系膜有大小不一的白色霉菌结节

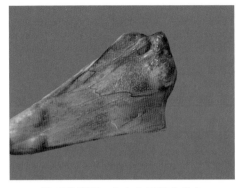

肠系膜增厚，有白色霉菌点散在

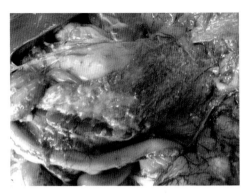

霉菌引起肠系膜增生，有霉菌结节

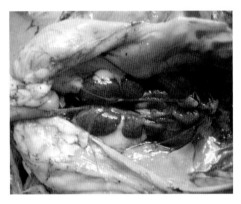

肾脏肿大、出血，被膜上有霉菌结节

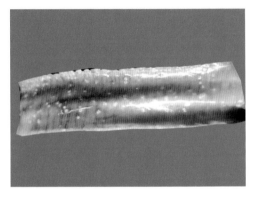

气管内有淡黄色霉菌结节

嗉囊黏膜有大的淡黄色霉菌结节

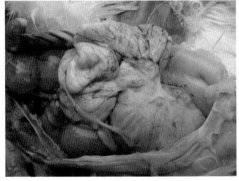

输卵管有黄绿色霉菌斑

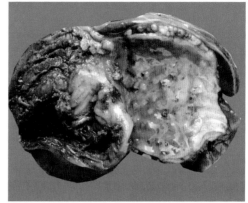

新城疫与曲霉菌病混合感染引起腺胃乳头出血，肌胃角质层溃疡

第三章
寄生虫病

一、鸡球虫病

★概述

鸡球虫病（chicken coccidiosis）是由孢子虫纲艾美耳科艾美耳属的一种或多种球虫在鸡的肠道内寄生繁殖引起的肠道组织损害、出血而导致鸡急性死亡的一种常见原虫病，给养鸡业带来重大的经济损失。

★病原

鸡球虫种类共有13种，我国已发现9种。球虫种类不同，在肠道内寄生部位不同，致病力也不相同，生产中多为混合感染，以柔嫩艾美耳球虫和毒害艾美耳球虫致病力最强。球虫卵囊对外界的抵抗力极强，常规的消毒剂杀灭效果无效。但是有些消毒药水如10%的氨水，作用时间达45 min以上时，可以杀灭卵囊。

★生活史

球虫的生活史属直接发育型，不需要中间宿主，分为裂殖生殖、配子生殖和孢子生殖三个阶段，前两个阶段在动物体内进行，后一个阶段在体外进行。卵囊随粪便排出体外，在适合的温度、湿度条件下，发育成孢子化卵囊，每个孢子化卵囊内有4个孢子囊，每个孢子囊内有2个子孢子。成熟的卵囊有感染性。鸡吞食有感染性的卵囊后，卵囊在肌胃和小肠里破裂，子孢子逸出，随即侵入肠壁上皮细胞内吸取营养，发育成熟为裂殖体。此发育阶段称滋养体。裂殖体以裂殖生殖（无性生殖）的方式进行分裂，成为第一代裂殖子。一般在宿主感染后3 d，裂殖子再进入上皮细胞，重复着滋养体→裂殖体→裂殖子的过程，成为第二代裂殖子。第二代裂殖子部分进入上皮细胞，进行第三代裂殖体增殖，多数转入配子生殖阶段（有性生殖）。在进入新的上皮细胞之后，发育成雌雄配子体，雌配子体发育成大配子，雄配子体经细胞核反复分裂，形成大量的小配子。雌雄配子结合形成合子，发育为卵囊。卵囊随粪便排出体外，重复上述过程。

从感染性卵囊进入鸡体内，至新一代卵囊排出体外需4～10 d。各球虫生活史虽有差异，但一般如此。

★ 流行病学

传染源：病鸡和带虫鸡是主要传染源。

传播途径：消化道传播为主，通过摄入有活力的孢子化卵囊遭受感染。

易感动物：鸡是唯一宿主，各种日龄的鸡均可感染。

本病四季均可发生，多暴发于3～6周龄的雏鸡，2周龄以内的雏鸡很少发病，发病率20%～100%，致死率高达100%，目前球虫病发病呈日龄越来越小和大龄化的发展趋势。若鸡舍闷热潮湿、饲养密度大、通风不良、营养缺乏及传染性法氏囊病、大肠杆菌病、慢性呼吸道病、新城疫等疾病存在时，均能诱发或加重本病。

★ 临床症状

1.盲肠球虫病

多由柔嫩艾美耳球虫感染引发，发病4～5 d后开始死亡，耐过鸡生长缓慢，蛋鸡产蛋下降。病鸡精神不振，冠、肉髯苍白，羽毛松乱，缩颈，眼紧闭，呆立或喜卧，不食，渴欲增加，拉稀，排暗红色或巧克力色血便，严重时拉鲜血等。

急性病例突然发病，迅速死亡，肛门附近常见鲜血等。

2.小肠球虫病

由毒害艾美耳球虫或几种球虫混合感染，症状轻，病程长，可达数周或数月。

病鸡间歇性腹泻、贫血、消瘦，多排混有灰白色黏液的稀粪，衰竭死亡。

★病理变化

1.盲肠球虫病

盲肠肿大数倍，呈暗红色，肠壁增厚，浆膜面有出血点、出血斑，肠腔内充满血液、血凝块及脱落的黏膜碎片。病程长时脱落的盲肠黏膜和血液逐渐变硬，形成红色或红白相间的干酪样物（肠芯）。

2.小肠球虫病

小肠肠壁高度肿胀，黏膜弥漫性充血、出血、脱落，白色斑状或圆形坏死灶散在；肠腔内有血液、血凝块、坏死脱落的黏膜，浆膜有小出血点、小白点或小白斑散在。

★鉴别诊断

根据卵囊寄生的位置、特征和病变特征等可初步鉴定感染虫种。

柔嫩艾美耳球虫（*Eimeria tenella*）：主要寄生于盲肠和临近的肠道组织，卵囊呈卵圆形，少数为椭圆形，细胞质呈淡褐色，平均大小为22.0 μm×19.0 μm，卵囊壁为淡黄色。病变为两侧盲肠显著肿大，外观紫红色，肠腔内充满凝固性血块，肠壁变厚。

毒害艾美耳球虫（*Eimeria necatrix*）：主要寄生于小肠前段和中段，卵囊呈长卵圆形，卵囊平均大小为20.4 μm×17.2 μm，卵囊壁光滑、无色。病变为肠黏膜有白点和出血点、坏死点，肠腔内有出血性内容物。

布氏艾美耳球虫（*Eimeria brunetti*）：主要寄生于回肠、小肠后段及盲肠近端（卵黄蒂到盲肠连接处），卵囊呈卵圆形，卵囊大小为24.6 μm×18.8 μm，变化范围（20.7～30.3）μm×（18.1～24.2）μm，囊壁为浅黄色。病变为黏液性出血性肠炎，凝固性坏死。

巨型艾美耳球虫（*Eimeria maxima*）：主要寄生于小肠中段，从十二指肠襻以下至卵黄蒂以后，严重时延至整个小肠，大卵囊，呈卵圆形，卵囊大小为30.5 μm×20.7 μm，变化范围（21.5～42.5）μm×（16.5～29.8）μm，囊壁为浅黄色。病变为肠壁变厚，有黏液性出血性渗出物和瘀斑。

堆型艾美耳球虫（*Eimeria acervulina*）：主要寄生于十二指肠及小肠前段，卵囊呈卵圆形，锐端的卵囊壁变薄，卵囊大小为18.3 μm×14.6 μm，变化范围（17.7～20.2）μm×（13.7～16.3）μm，囊壁为浅黄绿色。病变为肠黏膜有横纹状的白斑，外观呈梯状，并有卡他性渗出物，有时可见白色圆形病变，肠壁增厚，斑块融合。

哈氏艾美耳球虫（*Eimeria hagani*）：主要寄生于十二指肠，卵囊呈宽卵圆形，卵囊平均大小为18.0 μm×14.7 μm，孢子化卵囊大小为19.6 μm×14.7 μm，孢子囊大小为11.34 μm×6.9 μm，子孢子大小为12.9 μm×2.1 μm。病变为十二指肠有针头状出血点。

变位艾美耳球虫（*Eimeria mivati*）：主要寄生于从十二指肠袢延伸到盲肠和泄殖腔的区域，卵囊从椭圆形至宽卵圆形，卵囊平均大小为15.6 μm×13.4 μm。病变为肠壁可见含有卵囊的圆形斑点，肠壁增厚，斑块融合。

和缓艾美耳球虫（*Eimeria mitis*）：主要寄生于小肠下段，从卵黄蒂到盲肠颈，卵囊为亚球形，卵囊大小为16.2 μm×16.0 μm，囊壁为浅黄绿色。病变为黏液性渗出物，无损害可见。

早熟艾美耳球虫（*Eimeria praecox*）：主要寄生于十二指肠及小肠前段，多数卵囊呈卵圆形，少数为椭圆形，卵囊平均大小为21.3 μm×17.1 μm，卵囊无色，卵囊壁为淡绿色。病变为黏液性渗出物，无损害可见。

★防治措施

1.预防

应用球虫疫苗和药物是预防本病的重要方法。平时加强饲养管理，控制环境的干湿度，勤换垫料，及时清洗笼具、饲槽、水具等措施可降低发病率。

2.治疗方案

（1）根据峰期合理选择抗球虫药治疗。治疗时采用轮换用药、穿梭用药和联合用药的原则。常用的药物有磺胺类药、磺胺氯吡嗪钠、氨丙啉、地克珠利、妥曲珠利、常山酮、癸氧喹酯等。

（2）采用清热燥湿、杀虫止痢的中药制剂治疗。

【处方1】鸡球虫散

青蒿3 000 g，仙鹤草、何首乌各500 g，白头翁300 g，肉桂260 g。

【用法与用量】混饲，每1 kg饲料10~20 g。

【处方2】驱球散

常山2 500 g，柴胡900 g，苦参1 850 g，青蒿1 000 g，地榆（炭）、白茅根各900 g。

【用法与用量】混饲，每1 kg饲料0.5 g，连用5~8 d。

【处方3】苦参地榆散

苦参40 g，地榆、仙鹤草各30 g。

【用法与用量】混饲，雏鸡预防量每1 kg饲料10 g，自由采食；治疗量加倍。

【处方4】常山柴胡散

常山280 g，柴胡120 g，青蒿、白头翁各300 g。

【用法与用量】混饲，每1 kg饲料10 g，连用7 d。

【处方5】驱球止痢散

常山960 g，白头翁、仙鹤草、马齿苋各800 g，地锦草640 g。

【用法与用量】混饲，每1 kg饲料2～2.5 g。

【处方6】青胆散（河南省现代中兽医研究院研制）

青蒿、血见愁各10 g，苦参、龙芽草、地锦草、白头翁各9 g，地胆草、柴胡各8 g，太子参6 g等。

【功能】清热凉血，杀虫止痢。

【用法与用量】0.5～2.0 g/只，连用4～5 d。

球虫病引起的血便

盲肠球虫病：肛门周围有血便

盲肠球虫病：肛门周围有血凝块

盲肠球虫病：泄殖腔黏膜有暗红色血凝块

盲肠球虫病：青年鸡盲肠肿胀呈暗红色

盲肠球虫病：双侧盲肠浆膜出血，盲肠肿胀

盲肠球虫病：盲肠肿胀呈暗红色

盲肠球虫病：盲肠肿胀呈暗红色，浆膜点状出血

盲肠球虫病：双侧盲肠浆膜出血，盲肠肿胀呈暗红色

盲肠球虫病：盲肠肿胀、出血，内有血凝块

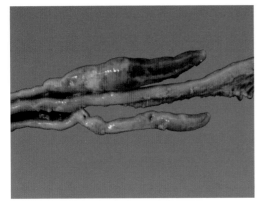

盲肠球虫病：盲肠肿胀、有栓塞

盲肠球虫病：剪开肿胀肠管，内有暗红色血凝块

盲肠球虫病：盲肠肿胀呈暗红色，直肠内有鲜红色血液

盲肠球虫病：盲肠内充满暗红色血液或血凝块

盲肠球虫病：盲肠内有暗红色血凝块

盲肠球虫病：盲肠黏膜出血，内有血凝块或暗红色血液

小肠球虫病：肠管肿胀 2~3 倍，出血

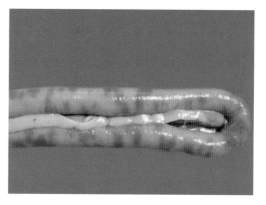

小肠球虫病：十二指肠浆膜出血

小肠球虫病：肠管肿胀，浆膜点状出血

小肠球虫病：小肠肿胀，浆膜点状出血

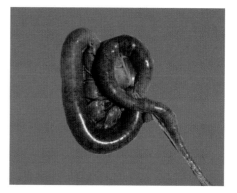

小肠球虫病：小肠肿胀呈暗红色，浆膜点状出血

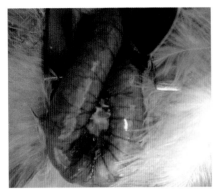

小肠球虫病：小肠肿胀、出血，浆膜有
白色坏死点

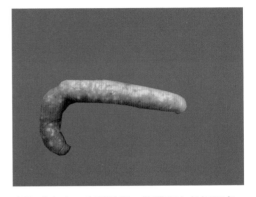

小肠球虫病：小肠肿胀，浆膜有白色坏死点

小肠球虫病：小肠肿胀，浆膜有白色坏死斑点

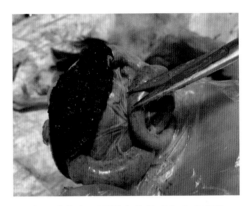

小肠球虫病：肠腔内充满暗红色血凝块

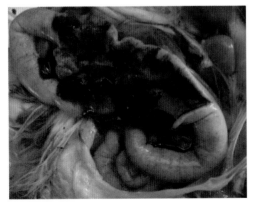

小肠球虫病：小肠内有大量血凝块

小肠球虫病：肠管内充满血液

小肠球虫病：肠道内有西红柿酱样物

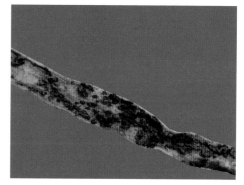

小肠球虫病：肠腔内有血凝块

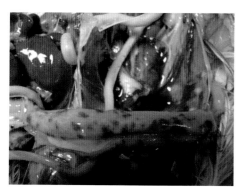

小肠球虫病：十二指肠黏膜有出血斑点

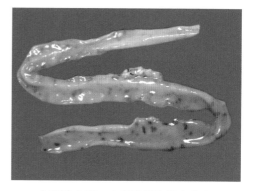

小肠球虫病：小肠黏膜有出血斑点

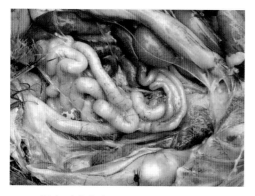

混合型球虫病：小肠浆膜点状出血

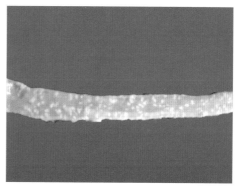

堆型球虫病：肠壁水肿，肠黏膜点状坏死

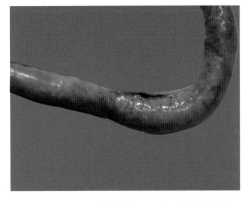

堆型球虫病：肠管肿胀，肠内壁形成假膜

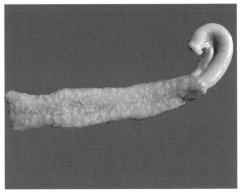

堆型球虫病：肠黏膜有密集点状坏死

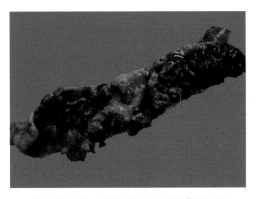

堆型球虫病：肠壁变厚形成假膜样坏死

二、住白细胞原虫病

★概述

　　住白细胞原虫病（leucocytozoonosis）是由住白细胞原虫感染引起鸡的一种急性高致死性的细胞内寄生性原虫病，以冠髯苍白、贫血、腹泻、产蛋量下降及全身组织器官形成灰白色小结节或斑点状出血或血肿为特征。

★病原

　　目前我国发现2种住白细胞原虫即卡氏住白细胞原虫（*Leucocytozoon caulleryi*）

和沙氏住白细胞原虫（*Leucocytozoon sabrazesi*）。卡氏住白细胞原虫致病性强，发育经过裂殖生殖、配子生殖、孢子生殖3个阶段，裂殖生殖在鸡的组织内完成，配子生殖在细胞内完成，孢子生殖在库蠓或蚋体内完成。

卡氏住白细胞原虫的成熟配子体近于圆形，大小为15.5 μm×15.0 μm。大配子直径为13.05～11.6 μm，有一个核，细胞质丰富，呈深蓝色；小配子直径为10.9～9.42 μm。宿主细胞为圆形，直径为13～20 μm，细胞核形成一深色狭带，围绕虫体1/3。

沙氏住白细胞原虫的成熟配子体为长形，大小为24 μm×4 μm。大配子为22 μm×6.5 μm，小配子为20 μm×6 μm。宿主细胞呈纺锤形，大小为67 μm×6 μm，细胞核呈深色狭长带状，围绕于虫体的一侧。

★流行病学

本病的流行与库蠓的生长繁殖季节有密切关系，以温湿的春夏季最为多发，具有发病急、死亡率高的特点。带虫鸡、隐性感染鸡及带虫的库蠓是传染源，荒川库蠓、环斑库蠓、尖喙库蠓、恶敌库蠓等是主要的传播媒介，各种日龄的鸡均可感染，主要危害3～6月龄的鸡，雏鸡发病急、死亡率高，成年鸡呈零星发病。

★临床症状

雏鸡发病率和死亡率高，发病1～2 d后开始死亡。

冠及肉髯苍白，有小米粒大小的梭状结节。

病鸡体温升高，食欲减退，排血便或绿色或黑色粪便，死前口流鲜血。

雏鸡发病急，咯血，呼吸困难，猝死等。

蛋鸡产蛋量下降，有的两肢轻瘫，行走困难，严重者死亡。

★病理变化

全身组织器官以形成灰白色小结节或斑点状出血或血肿为典型病理特征。

皮下出血，肌肉（胸肌、腿肌、心肌）有大小不一的出血点或出血斑。

心外膜、肝脏、肾脏、脾脏、肺脏、胰腺、胃、肠浆膜面、法氏囊、脂肪及输卵管等部位有广泛性出血点或出血囊或灰白色小结节。

严重感染时，肾脏肿大，背膜下片状出血；肝被膜破裂出血，腹腔积聚血

液，气管、口腔等处有血凝块。

蛋鸡卵黄变性，卵泡萎缩或破裂等。

★防治措施

1.预防

消灭中间宿主是预防本病的关键措施，如净化周围环境，舍内外环境用0.1%敌杀死或0.05%辛硫磷或0.01%速灭杀丁喷雾等，禁止混养，淘汰病鸡等。

2.治疗方案

泰灭净：预防时用25～75 mg/kg拌料，连用5 d，停2 d，为1个疗程；治疗时可按100 mg/kg拌料连用2周，或按0.5%的比例饮水3 d，再按0.05%的比例饮水2周。

磺胺二甲氧嘧啶：预防时用25～75 mg/kg拌料或饮水；治疗按0.05%的比例饮水2 d，然后再按0.03%的比例饮水2 d。

磺胺喹噁啉：每1 000 kg饲料加入125 g。

乙胺嘧啶：预防用量为1 mg/kg，治疗量为4 mg/kg，配合磺胺二甲氧嘧啶40 mg/kg混入饲料，连续服用1周后改用预防剂量。

治疗时，每吨饲料中添加5～10 kg艾叶或10～20 kg白头翁散和300～600 g维生素C，效果更佳。

鸡冠贫血、苍白，倒冠

鸡冠上有米粒大小的出血囊

鸡冠有大小不等的出血点

濒死前咯血

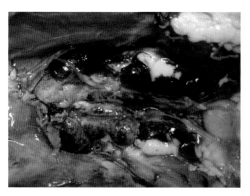

肾脏被膜下广泛性出血

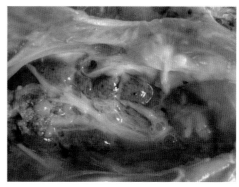

肾脏肿胀、出血，有出血囊

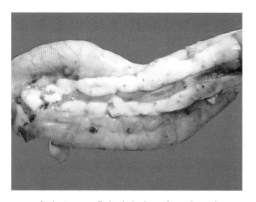

胰腺及肠系膜脂肪有出血点、出血囊

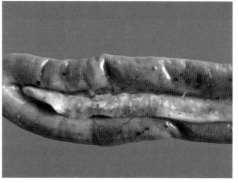

十二指肠浆膜及胰腺有隆起出血点、出血囊

腺胃黏膜出血，乳头消失

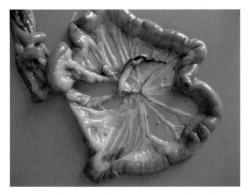

肠系膜上有米粒大小出血点或出血囊

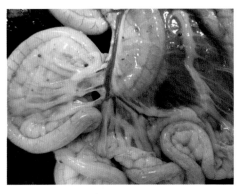

肠系膜脂肪有大小不一的出血囊

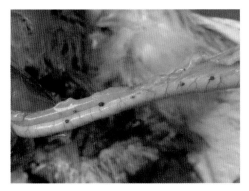

肠浆膜有大小不等的出血囊

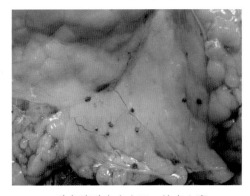

腹部脂肪有大小不一的出血囊

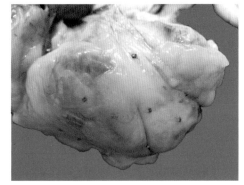

胃部脂肪有点状隆起的出血囊

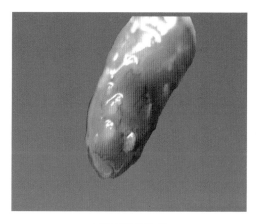

心肌有梭状结节

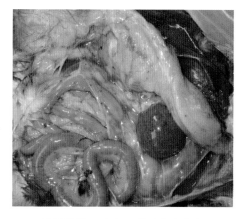

脾脏肿胀、出血，脂肪有出血囊

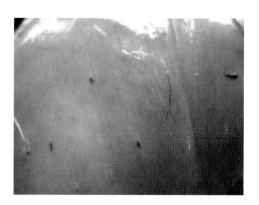

胸肌有点状隆起的出血囊

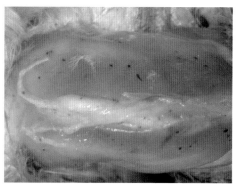

胸肌有大小不等的出血囊

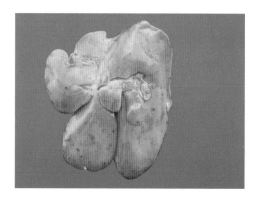

肝脏表面有大小不一的出血囊

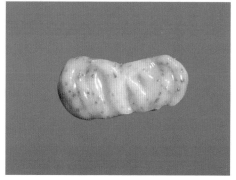

法氏囊内壁有大小不一的点状出血囊

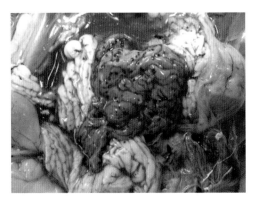

输卵管黏膜有点状隆起的出血囊

三、禽组织滴虫病

★概述

禽组织滴虫病（avian histomoniasis）又名盲肠肝炎或黑头病，是由火鸡组织滴虫感染鸡和火鸡引起的一种以盲肠壁溃疡和发炎、盲肠内充满气体、肠系膜发炎和严重的肝脏坏死为特征的急性原虫病，火鸡组织滴虫主要寄生于盲肠和肝脏，本病死亡率和淘汰率高，影响产蛋。

★病原

火鸡组织滴虫属于单毛滴虫科组织滴虫属，为多样性虫体，大小不一。非阿米巴阶段的火鸡组织滴虫近似球形，直径为3～16 μm。阿米巴阶段虫体高度多样性，常伸出一个或数个伪足，有一个简单的、粗壮的鞭毛，长6～11 μm；有一个大的小楯和一根完全包在体内的轴刺；副基体呈"V"形，位于核的前方；细胞核呈球形、椭圆形或卵圆形，平均大小为2.2 μm×1.7 μm。

★流行病学

传染源：组织滴虫在异刺线虫卵巢中繁殖，当该线虫排卵时滴虫也随之而出，滴虫有卵壳保护，存活期长，成为感染源。

传播途径：消化道感染为主，蚯蚓及节肢动物中的蝇、蚱蜢、土鳖、蟋蟀等都可作为机械传播者。

易感动物：多种禽类均易感。4～6周龄的鸡最易感。

本病潜伏期7～12 d，病程1～3周，死亡率一般不超过30%，但幼龄火鸡死亡率高达70%。四季均可发病，春夏温暖潮湿季节多发，鸡异刺线虫是组织滴虫的储藏宿主，也是本病的传播者。

★临床症状

本病多发生于2～6周龄的鸡。

病鸡精神委顿，羽毛蓬松，两翅下垂，怕冷，瞌睡，采食量下降或拒食，粪便稀薄呈淡黄色或淡绿色，继而粪便带血或排大量鲜血等。

病鸡头部皮肤、冠及肉髯呈蓝色或暗黑色，故又称黑头病。

★病理变化

本病以盲肠炎和肝炎为主。

盲肠高度肿胀，比正常的肿大2～5倍，盲肠壁增厚和充血，浆液性和出血性物充满盲肠，渗出物干酪化后形成肠芯（肠炎型大肠杆菌病、鸡白痢、禽伤寒、禽副伤寒等也会出现类似的盲肠芯）；盲肠壁溃疡和发炎、肠系膜发炎，严重时穿孔，引起腹膜炎等。

肝脏肿大呈紫褐色，表面有形状不一、大小不等的坏死灶，如车轮状、扣状或榆钱样等，有的坏死区融合成片，形成大面积的病变区。

肺脏、肾脏、脾脏等部位偶见白色圆形坏死。

★防治措施

1.预防

杀灭虫卵是预防本病的关键措施，每吨饲料添加二甲硝咪唑200 g进行药物预防。同时加强饲养管理，搞好环境卫生，禁止禽类混养，及时分群等。

2.治疗方案

甲硝唑、二甲硝咪唑、芬苯达唑或异丙硝咪唑混料进行治疗，疗程7 d。如甲硝唑，治疗按250 mg/kg混饲，3次/d，连用5 d。

中药配合治疗，方剂如下：

【处方1】龙胆草（酒炒）、栀子（炒）、黄芩、柴胡、生地黄、车前子、泽泻、木通、甘草、当归各20 g。

【用法与用量】水煎，供100只鸡一次饮服，重症用注射器滴服。

【应用】应用本方治疗鸡盲肠肝炎，饮服2 d，治愈率达95％。

【处方2】白头翁散

白头翁、秦皮各60 g，黄连30 g，黄柏45 g。

【用法与用量】2～3 g/只。

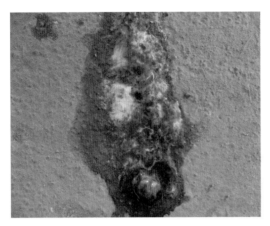

病鸡拉黄白色稀便

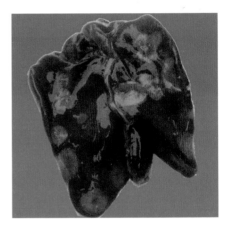

肝脏有黄白色车轮状坏死灶

肝脏形成扣状坏死灶

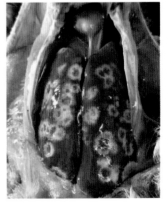

肝脏出血呈紫红色，表面有扣状白色坏死灶

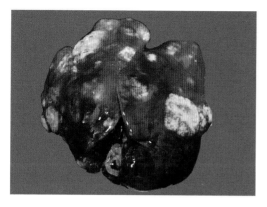 

肝脏出血呈紫红色，表面有扣状坏死灶

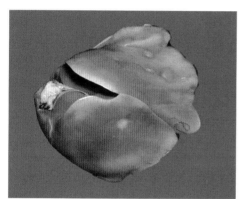 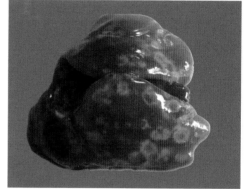

肝脏有榆钱样坏死灶

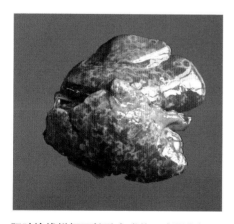 

肝脏榆钱样坏死灶融合成片，大面积坏死　　　　肝脏榆钱样坏死灶融合成片

肝脏出血，坏死灶凹陷、融合成片

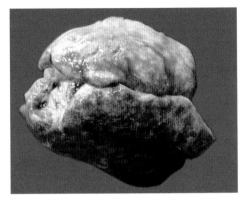

肝脏大面积坏死

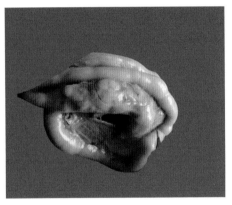

盲肠肿胀 2~3 倍，肠腔内形成肠芯

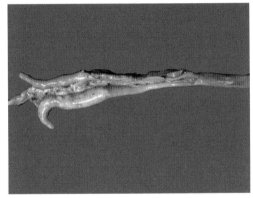

一侧盲肠高度肿胀，肠腔内形成肠芯

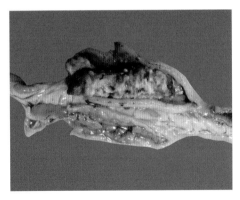

盲肠壁增厚，黏膜出血，浆液性和出血性物充满盲肠，渗出物干酪化后形成肠芯

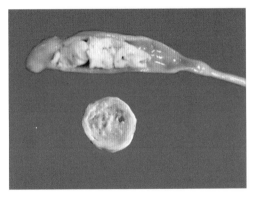

盲肠粗大，内有黄白色干酪样物并形成肠芯，肠芯呈同心圆状

四、禽绦虫病

★概述

禽绦虫病（cestodiasis）是由白色、扁平、带状分节的绦虫感染引起多种禽类的一种寄生虫病，以贫血、消瘦、下痢、生长迟缓、产蛋率下降等为特征，散养鸡多发。

★病原

我国家禽绦虫分属于圆叶目的3个科（戴文科、双壳科、膜壳科）21个属（戴文属、赖科属、变带属、漏斗带属、异带属和膜壳科的16个属）和假叶目的1个科（裂头科）、1个属。绦虫呈扁平带状，虫体由头节、颈节和体节组成。

★临床症状

病鸡以下痢为主，拉绿色或黄白色稀薄粪便，粪便带有脱落的虫体节片，有时混有血液；病鸡精神不振，采食量下降或不食，消瘦，贫血，冠和黏膜苍白；部分病鸡头颈扭曲，运动失调，走路摇摆，尖叫，突然死亡等。

★病理变化

机体消瘦、皮下水肿。

肠黏膜肿胀、充血、出血，肠腔内有大量脱落的黏膜或黏膜上附有数量不等的绦虫虫体或虫体节片。严重感染时虫体聚集成团引起肠阻塞甚至肠破裂，导致腹膜炎等。

★防治措施

1.预防

搞好环境卫生，经常清除粪便，堆积发酵，利用生物热杀灭虫体和虫卵，用五氯酚钠等杀灭中间宿主，定期驱虫。

2.治疗方案

（1）抗绦虫药拌料。

吡喹酮：5～15 mg/kg体重，拌料一次喂服。

芬苯达唑：3×10^{-5}浓度拌料，对棘沟赖利绦虫有效率达92%。

硫双二氯酚：150~200 mg/kg体重，以1∶30的比例与饲料混匀，一次投服。

丙硫苯咪唑：10~30 mg/kg体重，拌料一次喂服。

氯硝柳胺：50~60 mg/kg体重，拌料一次喂服。

（2）中药辅助治疗。

【处方1】槟榔150 g，南瓜子120 g。

【用法与用量】水煎，首次加水2 000 mL煮沸30 min，第2次加水1 000 mL煮沸20 min，合并2次药汁，供600只35日龄肉鸡分2次混饲或混饮。混饲前鸡群停料6 h以上，混饮前停水3~4 h。重症病鸡滴服。

【应用】用本方治疗散养崇仁麻鸡绦虫病，用药片刻后可见虫体及粪便排出。用药1 h后要将鸡群赶出用药地点，清扫和消毒栏舍，以防重复感染。本方有一定的毒性，用药后会出现口吐白沫现象，可皮下注射阿托品（按每1 kg体重0.02 mg）解毒。

【处方2】槟榔。

【用法与用量】槟榔研细粉，按5份槟榔粉、4份温开水、1份面粉的比例制丸（先将面粉倒入水内打浆，然后混入槟榔粉），每丸1 g（含槟榔粉0.5 g），晒干。按每1 kg体重2丸于早上空腹投服，服药后自由饮水。为巩固疗效，5~7 d后重复驱虫一次。

【应用】用本方治疗鸡绦虫病，用药30~40 min后开始排虫；5 d后治愈率达99%以上。

【处方3】石榴皮、槟榔各60 g。

【用法与用量】加水1 000 mL，煎至500 mL，每只鸡每次服2~5 mL，每天服2~3次。

【应用】本方能有效驱除绦虫。

病鸡消瘦，精神不振

肠道内有白色绦虫，肠黏膜水肿

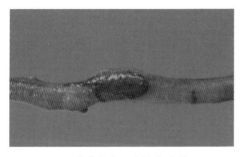

肠黏膜出血，有绦虫虫体

肠道内有绦虫

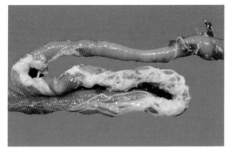

肠壁水肿，肠道内有大量白色绦虫虫体

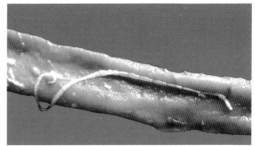

肠道内有脱落的虫体节片及虫体

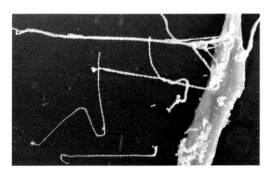

虫体呈节片状

驱虫后，排出白色绦虫虫体

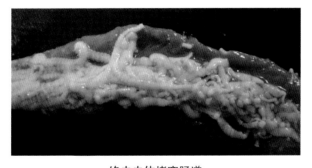

绦虫虫体堵塞肠道

五、禽蛔虫病

★概述

禽蛔虫病（ascariasis）是禽蛔科蛔虫寄生于家禽肠道的疾病，以鸡蛔虫引起的症状最严重，感染后雏鸡生长受阻、顽固性拉稀，成鸡下痢、产蛋量下降和贫血等。

★病原

鸡蛔虫淡黄色，两头尖呈线状，头端有3片唇。雄虫长2.6～7 cm，雌虫长6.5～11 cm。虫卵呈椭圆形，大小为（70～90）μm×（47～51）μm，壳硬而光滑，深灰色，新排出时含单个胚细胞。

各种蛔虫生活史及感染引起的病理变化相似，但寄生具有种特异性，如鸡蛔虫病寄生于鸡，鸽蛔虫病寄生于鸽。

蛔虫卵在潮湿阴凉的地方可长期存在；对消毒剂具有较强的抵抗力。

★流行病学

传染源：蛔虫卵。

传播途径：因采食感染性虫卵污染的饲料、饮水、污物经口感染。

易感动物：3～4月龄的鸡易感，主要危害3～10月龄的鸡，1年以上的鸡多带虫。

本病的发生与饲养方式、环境密切相关，散养、闷热潮湿的环境感染率和发病率较高，散养鸡的感染率高达60%，笼养鸡感染率较低，死亡率因环境、饲养方式而不同。

★临床症状

病鸡起病缓慢，贫血，持续1～2周后，瘦弱的鸡迅速增多，冠、脸黄白色，精神不振，羽毛蓬松，行走无力，呆立，粪便稀薄，常有少量未消化的饲料颗粒，粪便颜色呈多样化，以肉红色、绿白色多见，发病后期零星死亡。蛋鸡产蛋率下降、贫血等。

★病理变化

病鸡消瘦，贫血，血液稀薄，胃肠道内有大小不一、数量不等的蛔虫，肠黏膜出血、发炎，肠壁有颗粒状化脓灶或结节；严重感染时大量虫体相互缠结，导致肠阻塞、肠破裂等。

★防治措施

1.预防

定期驱虫是预防本病的关键措施，加强饲养管理，搞好环境卫生，粪便堆积发酵杀死虫卵，鸡舍与运动场清洗后用3%氢氧化钠热溶液喷洒，雏鸡和成年鸡分开饲养等措施对本病预防有效。

2.治疗方案

治疗时可选用下列药物全天饲喂，禁用敌百虫。

左旋咪唑：按25～40 mg/kg体重，口服或拌料。

丙硫苯咪唑：按15～20 mg/kg体重，口服或拌料。

甲苯咪唑：按30 mg/kg体重，口服或拌料。

丁苯咪唑：按0.05%比例拌料。

潮霉素：按6～12 mg/kg体重，拌料。

噻咪啶：按15 mg/kg体重，口服。

丙硫咪唑：按5～20 mg/kg体重，口服。

配合驱虫散治疗效果更佳。

【处方1】槟榔125 g，南瓜子、石榴皮各75 g。

【用法与用量】研成粉末，按2%比例拌料饲喂（喂前停食，空腹喂给），2次/d，连用2～3 d。

【处方2】槟榔15 g，乌梅肉10 g，甘草6 g。

【用法与用量】研粉制丸，每1 kg体重服2 g，2次/d。隔1周再服1次。

病鸡闭眼或微张开，精神不振，呆立等

病鸡精神不振，羽毛蓬乱，翅膀下垂

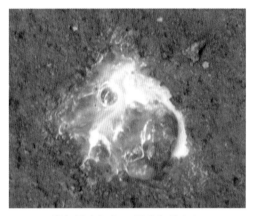

粪便呈肉红色，间或有乳白色

粪便有未消化的饲料颗粒

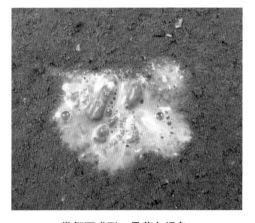

粪便不成形，呈黄白绿色

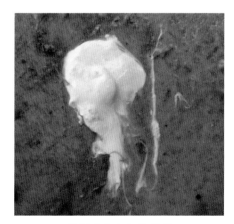

粪便乳白色如牛奶状

粪便稀薄呈乳黄白色

蛔虫虫体及虫体节片

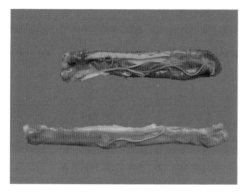

十二指肠和空肠有数量不等的蛔虫

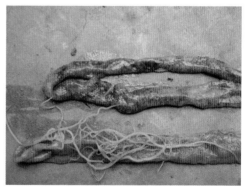

肠黏膜肿胀、出血，内有大量蛔虫

肠道内有大量蛔虫，如电缆线样阻塞肠管

随粪便排出的蛔虫

六、前殖吸虫病

★概述

前殖吸虫病（prosthogonimiasis）是由前殖属的多种吸虫所引起的，目前发病率有所上升，呈地方流行性。前殖吸虫又叫输卵管吸虫，主要寄生在鸡、鸭、鹅及鸟类的输卵管内，其次是法氏囊和泄殖腔内，常引起输卵管炎，以产蛋下降，产畸形蛋、薄壳蛋等为主要特征。

★诊断要点

发病初期食欲减退，产蛋率正常，蛋壳薄易破碎，后产蛋率下降，畸形蛋增多。后期病鸡消瘦，体温上升，渴欲增加，泄殖腔流出石灰样的液体，腹部膨大、下垂，泄殖腔突出，肛门潮红，产蛋逐渐停止。

输卵管黏膜充血、出血、水肿，管内有异物结块，壁变薄，管壁有虫体。

★防治措施

1.预防

每年春秋两季定期药物驱虫，及时清理粪便，堆积发酵，杀灭虫卵等。

2.治疗方案

吡喹酮：按10~20 mg/kg体重，均匀拌料，一次喂服。

硫双二氯酚：按30~50 mg/kg体重，均匀拌料，一次喂服。

丙硫苯咪唑：按20 mg/kg体重，均匀拌料，一次喂服。

病鸡产薄壳蛋，蛋壳上附有石灰样物

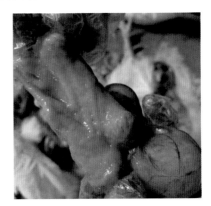

输卵管黏膜水肿

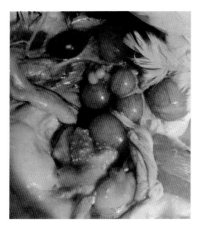

输卵管有虫体

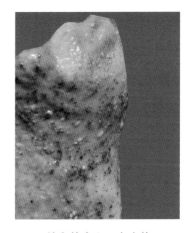

输卵管出血，有虫体

输卵管水肿，有虫体

输卵管黏膜有大量虫体

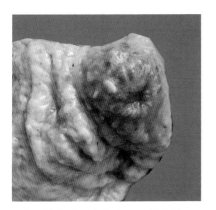

输卵管水肿，有大小不一的虫体

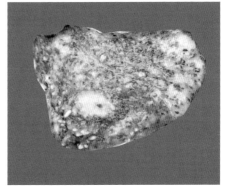

输卵管陈旧性出血，有大量虫体

第四章
普 通 病

一、维生素缺乏症

每一种维生素缺乏症（hypovitaminosis）都有其特征性的病变，其病因、诊断方法和防治方法基本相同，本书只对其临床特征、病理变化做简要描述。

★维生素A缺乏症（vitamin A deficiency）

维生素A缺乏症是以黏膜、上皮角化，生长发育受阻和干眼病、夜盲症为特征的疾病。

病鸡冠白而有皱褶，爪、喙色淡，流泪，眼睑或面部肿胀，眼睑粘连，内有乳白色干酪样物质，眼球凹陷，角膜混浊，重则失明；病情较长且严重时，病鸡出现共济失调、转圈、扭颈等症；蛋鸡产蛋率下降，蛋黄颜色变淡，种蛋的受精率、孵化率也低于正常水平，死胚率增加，胚胎发育不良。

口腔、咽部及消化道黏膜肿胀，黏膜有许多灰白色小结节，有时融合成片，成为假膜，假膜脱落后黏膜完整，无溃疡面和出血；气管和支气管黏膜上皮有假膜、小脓疱和坏死；肾肿大呈灰白色，输尿管内有尿酸盐沉积，输尿管、心、肝、脾表面亦有尿酸盐沉着。

★维生素D缺乏症（vitamin D deficiency）

维生素D缺乏症是以幼鸡发生佝偻病、骨软化症和笼养蛋鸡疲劳症为特征的营养代谢病。

病鸡食欲减退，生长停滞，异嗜，喙和爪变软，跗关节肿大，腿无力，侧卧或伏卧，呈企鹅姿势；雏鸡以佝偻病为主。产蛋鸡或种鸡发病时薄壳蛋或软壳蛋增加，产蛋率、孵化率下降，死胚增多等。

喙及骨质变软、弯曲、变形但不易折断，肋骨、胸骨、骨盆骨等发生畸形，尤其肋骨与软肋骨连接处膨大如珠状，龙骨呈"S"形弯曲；跗关节和肋骨关节肿大；成年鸡的甲状旁腺增大数倍，骨软且易碎，骨密度变薄。

★维生素E-硒缺乏症（vitamin E-selenium deficiency）

维生素E-硒缺乏症是以脑软化症、渗出性素质和肌营养不良症（白肌病）为特征的营养代谢病。

1.脑软化症

特征性症状为共济失调，头向后或向下弯曲挛缩或向一侧扭转，两腿阵发性痉挛抽搐，不完全麻痹，瘫痪，发育不良，终因衰竭而死。

小脑肿胀、柔软，脑膜水肿，表面有散在出血点，脑回和脑沟闭合，坏死组织呈灰白色或黄绿色。

2.渗出性素质

翅膀、胸部和颈部发生水肿，大面积皮下组织出血和全身性液体蓄积，腹部皮下蓄积最多，积液部分的皮肤呈蓝绿色，渗出液呈淡绿黄色胶冻样，心包积液，心脏扩张，肌肉有条纹状出血等。

3.肌营养不良症（白肌病）

贫血，冠白，眼流浆液性分泌物，眼睑半闭，软弱无力，共济失调，时而两腿呈痉挛性抽搐，时而闭目鸣叫等。

胸肌、腿肌的肌纤维呈淡白色的条纹；心脏扩张，心肌色淡变白；肝脏肿大，质脆，呈黄白色。

火鸡多于2～3周龄发生一种颇具特征性的飞节肿胀，肌胃变性、柔软、色淡，切面有黄白色条纹。

产蛋率和种蛋的孵化率降低，公鸡睾丸呈退行性变性，精子生成减少甚至停止，精液品质低劣。

★维生素B$_1$缺乏症（vitamin B$_1$ deficiency）

维生素B$_1$缺乏症是以多发性神经炎和心肌代谢功能障碍为主要特征的营养代谢病。雏鸡发病率高于成年鸡，2周龄内雏鸡易发病。

病鸡精神不振，羽毛蓬松，冠呈蓝色，少食或停食，腿无力，继而腿部麻痹，不能站立；头颈弯向背部，呈特征性的"观星"姿势或角弓反张，倒地，抽搐而死。

成年鸡发病过程缓慢，病初厌食，体重减轻，继而神经症状逐渐明显，产蛋率下降，孵化率低，死胚增加等。

机体消瘦，皮下有广泛性水肿，尤以雏鸡最为严重；胃肠有炎症，十二指肠有溃疡、萎缩，心脏右侧扩张（心房比心室明显）；生殖器官萎缩（睾丸比卵巢明显），肾上腺肥大，肝脏呈淡黄色，胆囊肿大等。

★维生素B₂缺乏症（vitamin B₂ deficiency）

维生素B₂缺乏症又名蜷爪麻痹症、核黄素缺乏症，是以消化功能障碍、肌肉出血、神经炎等为主要特征的营养代谢病。

病鸡羽毛粗糙（背部脱毛，皮肤干而粗糙）、厌食、消瘦、贫血、腹泻，跗关节以下呈麻痹状态，趾爪向内蜷缩，似握拳状，两腿叉开似游泳状，俗称蜷爪麻痹症。蛋鸡产蛋量下降，孵化率降低，胚胎死亡，孵出的雏鸡趾爪蜷曲，皮肤表面有结节状绒毛。

臂神经和坐骨神经两侧对称性肿大，直径比正常的大4~5倍，质地柔软而失去弹性，呈黄色，神经纤维横纹不清楚；心冠脂肪消失，胃肠有炎症，十二指肠溃疡、萎缩，胃肠道内容物为多量泡沫状，肝脏肿大、柔软；腿部、胸部肌肉呈斑点状出血。

★泛酸缺乏症（pantothenic acid deficiency）

泛酸缺乏症是以皮炎、羽毛发育不全和脱落为特征的营养代谢病，无特征性肉眼可见的病理变化。

病鸡头部羽毛脱落，口角、眼睑及肛门周围有痂皮，上下眼睑被黏液渗出物黏着；趾间和足底皮肤发炎，表层皮肤脱落，产生小裂隙，裂隙扩大、加深，导致不能行走；足部皮肤增生角化形成疣性赘生物。蛋鸡产蛋率下降，种蛋孵化率下降，死胚增加。

★烟酸缺乏症（nicotinic acid deficiency）

烟酸缺乏症以口炎、皮炎、下痢、跗关节肿大及骨短粗等为特征。

病鸡皮肤发炎，有化脓性结节。腿部关节肿胀，骨短粗，腿骨弯曲，跟腱极少滑脱，运动障碍，共济失调等。口腔黏膜发炎，呈深红色，舌尖为白色，舌呈暗红黑色。蛋鸡脱毛，腿、爪等部位皮肤角化呈鳞片状。

口腔及食管内常有干酪样渗出物；胃和小肠萎缩，盲肠和直肠黏膜有豆腐渣样覆盖物，肠壁增厚；肝脏萎缩，脂肪变性。

★生物素缺乏症（biotin deficiency）

生物素缺乏症是以喙底、皮肤、趾爪发生炎症，骨发育受阻呈现短骨为特征的营养代谢病。

雏鸡食欲减退，衰弱，生长迟缓；脚、喙和眼周围皮肤发炎，脚底粗糙、结痂、开裂出血等；眼睑肿胀，分泌炎性渗出物；嗜睡；嘴角损伤；爪趾坏死、脱落；脚和腿上部皮肤干燥，麻痹等。种鸡产蛋率下降，孵化率降低，胚胎和孵出的雏鸡有先天性胫骨短粗，骨骼畸形，共济失调等症。

★维生素B$_6$缺乏症（vitamin B$_6$ deficiency）

雏鸡食欲减退，生长迟缓，贫血，胫骨粗短，异常兴奋，全身性痉挛，运动失调，身体向一侧偏倒，头颈和腿脚抽搐，终因衰竭而死。成年鸡贫血、苍白，无神经症状，皮下水肿，内脏器官肿大，脊髓和外周神经变性。

★叶酸缺乏症（folic acid deficiency）

雏鸡生长停滞，贫血，羽毛生长缓慢，色素消失，白羽，脚软弱症或骨短粗症。种鸡产蛋率和孵化率下降，因破壳困难胚胎窒息死亡，死亡胚的喙变形、下颌缺损和胫骨弯曲等。

★维生素K缺乏症（vitamin K deficiency）

病鸡突然死亡，出血不止，凝血不良，死前全身营养状态良好，肌肉丰满。慢性病例机体消瘦，精神沉郁，贫血，胸部、腹部、翅膀及腿部皮下有紫蓝色的出血点或出血斑。

胚胎死亡率增加，死胚胚胎出血，肌肉苍白，腿肌和胸肌有大小不等的出血点或出血斑，肠黏膜、心肌、心冠沟脂肪及脑膜上有出血点或出血斑。

维生素 A 缺乏症：病鸡羽毛蓬松

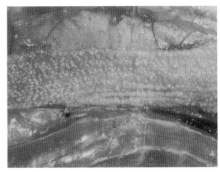

维生素 A 缺乏症：食管有大量细小结节凸出于表面

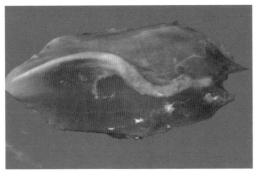

维生素 D 缺乏症：龙骨变形，弯曲呈"S"状

脑软化症：病雏鸡歪头扭颈，软脚

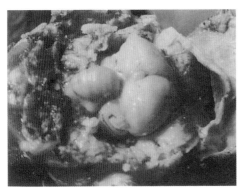

脑软化症：大脑半球后部组织严重缺损

渗出性素质：皮下有胶冻样渗出

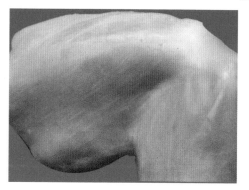

渗出性素质：下颌部皮下组织水肿，皮肤外观呈蓝绿色

肌营养不良症：腿肌有条纹状变性和坏死

维生素 B₁ 缺乏引起观星状姿势

维生素 B₂ 缺乏引起鸡爪蜷曲

维生素 B₂ 缺乏引起鸡爪弯曲，尤其是中趾弯曲

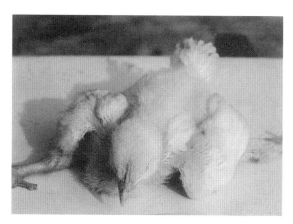

维生素 B₂ 缺乏引起坐骨神经麻痹，双腿呈劈叉状张开

维生素 B₂ 缺乏引起双脚趾爪向内蜷曲，双腿跗关节着地，不能站立

泛酸缺乏引起的皮肤增生角化形成疣性赘生物

泛酸缺乏引起的趾间皮肤发炎，表层皮肤脱落，产生小裂隙，裂隙扩大、加深

二、微量元素缺乏症

每一种微量元素缺乏症（deficiency of trace element）都有其特征性的病变，其病因、诊断方法和防治方法基本相同，本书只对其临床症状、病理变化做简要描述。

★锰缺乏症（manganese deficiency）

锰缺乏症以骨的形成障碍、胫骨短粗和生长发育受阻为特征。

病鸡出现胫骨短粗和脱腱症，即腿骨短粗，胫骨和跖骨关节肿大、扭转，骨弯曲变形，腓肠肌腱（后跟腱）从跗关节的骨槽中滑出而呈现脱腱症状，俗称脱腱症。

病鸡跛行，关节着地，腿外展，常一条腿前伸、后伸或侧伸，头前伸或向下弯，或缩向背后，因采食不便衰竭而死。

种蛋孵化率下降，大多数胚胎出壳前死亡，死胚软骨发育不良，翅短，腿短粗，头呈圆球状，喙短弯呈特征性的鹦鹉嘴。

★锌缺乏症（zinc deficiency）

病鸡食欲下降，消化不良，羽毛发育异常，翼羽、尾羽缺损，无羽毛，新羽不易生长；发生皮炎，角化呈鳞状，产生较多的鳞屑，腿和趾上有炎性渗出物或皮肤坏死，创伤不易愈合；生长发育迟缓或停滞；骨短粗，关节肿大；蛋鸡产蛋率降低，蛋壳薄，孵化率低，易发啄蛋癖。

★钙、磷缺乏症（calcium and phosphorus deficiency）

病鸡精神沉郁，食欲减退，生长缓慢，虚弱无力，站立不稳，喙、爪变软易弯曲变形，两腿长骨骨质钙化不良，变薄变软，呈"O"形或"X"形，常因采食、饮水障碍而衰竭死亡。

蛋鸡产蛋减少，蛋壳变薄、易碎，软壳蛋或无壳蛋增多，骨质疏松，胸骨变软易骨折，瘫痪等。

胸骨变软、弯曲，龙骨呈"S"状，肋骨和肋软骨接合部出现球形肿大，形成"串珠状肋"。

锰缺乏时病鸡运动障碍，胫骨变粗

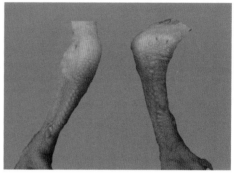

锰缺乏引起鸡肘部外翻

锰缺乏引起屈伸肌腱脱鞘

钙、磷缺乏引起的瘫痪

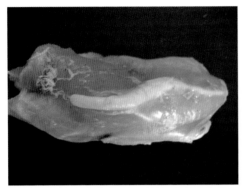

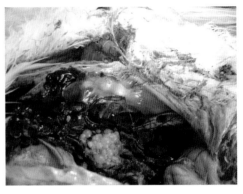

钙、磷缺乏引起龙骨"S"状弯曲　　　　　钙、磷缺乏引起肋骨串珠状增生

三、中 毒 病

每一种中毒病（poisoning）都有其特征性的病变，其病因、诊断方法和防治方法基本相同，本书只对其临床症状及病理变化做简要论述。

★食盐中毒（poisoning caused by sodium chloride）

1.临床症状

慢性中毒：病鸡持续性腹泻，厌食，饮水量异常增多，发育迟缓，精神不振等。

急性中毒：病鸡极度口渴，狂饮不止，食欲废绝，尖叫，口鼻流出大量的黏液，嗉囊软胀，剧烈下痢，运动失调，时而转圈、时而倒地，两腿无力，迅速死亡。

2.病理变化

以尸僵不全，血液黏稠、凝固不良为特征。

皮肤干燥，蜡黄色；嗉囊膨大充满液体；头部皮下水肿，肺水肿；腺胃黏膜充血，表面形成假膜；急性卡他性肠炎或出血性肠炎，黏膜充血；脑膜充血，有针尖大的出血点；肝脏变硬，有出血点或出血斑；肾脏肿大、色淡；心肌、心冠脂肪有小出血点，腹腔和心包积液等。

★喹乙醇中毒（poisoning caused by olaquindox）

1.临床症状

慢性中毒：病鸡冠和肉髯呈暗红色或黑紫色，下痢，软脚，零星死亡。

急性中毒：病鸡精神严重沉郁，缩头呆立，动作迟缓，流涎，采食量下降，饮水量增加，拉黄白色稀粪；部分病鸡兴奋，呼吸急促，乱窜疾跑，走路摇摆，甩头抽搐，痉挛，角弓反张，脚软瘫痪，衰竭死亡。

2.病理变化

血液暗红，凝固不良；心肌弛缓，心外膜充血、出血，心包液增多；肝脏肿大，呈暗红色，质脆，表面有出血点；肾脏肿大、瘀血，质脆软，肾小管及输尿管内含有灰白色尿酸盐。

腺胃黏膜出血，肌胃角质层下有出血点或出血斑，腺胃与肌胃交界处有出血带；十二指肠与泄殖腔黏膜弥漫性出血；盲肠充血、出血，盲肠扁桃体肿胀、出血；脑膜充血、出血；胸肌、腿肌有条状出血。

★亚硝酸盐中毒（nitrite poisoning）

1.临床症状

急性中毒：病鸡突然挣扎、倒地死亡，死后尸僵完全。

慢性中毒：病鸡精神不振，喙部发绀，食欲减退或废绝，流涎，口吐白沫，拉稀粪，步态不稳，驱赶时行走无力，摇摆不定等。

病程稍长时，呼吸困难，口腔黏膜、眼结膜和胸、腹部皮肤发绀，全身抽搐，下肢瘫痪，卧地不起，因窒息死亡。

2.病理变化

皮肤发绀；心肌变软；血液稀薄，呈褐色酱油状，凝固不良；肠黏膜充血，脱落或溃疡；肝脏偶见有针尖状出血点，色变暗；肾脏为灰蓝色或浅灰色等。

★磺胺类药物中毒（sulfa drugs poisoning）

1.临床症状

病鸡精神沉郁，羽毛蓬松，眼半开似睡，不愿运动，躯体蜷缩，痉挛，麻痹，肌肉颤抖等。

病鸡头部肿大，呈蓝色，眼结膜苍白、黄染；少食或拒食，渴欲增加；下痢，粪便呈酱色；皮下广泛性出血，多因出血过多而死亡，死前挣扎等。

2.病理变化

皮下、肌肉广泛性出血，尤其是腿肌、胸肌更为明显，有出血斑点；心内外膜有斑块状出血，心肌有刷状出血和灰色结节区；脑膜充血、水肿；胸、腹腔内有淡红色积液；胃肠道黏膜充血、出血；肝脏与脾脏肿大、出血；肾脏肿大、苍白、出血，呈花斑状；输尿管变粗，管内充满白色尿酸盐。

★黄曲霉素中毒（aflatoxin poisoning）

1.临床症状

病鸡食欲减退，生长减慢，异常尖叫，啄羽，后期跛行，消瘦，贫血，共济失调，角弓反张等。蛋鸡产蛋率下降，小蛋增多，种蛋孵化率降低。

2.病理变化

急性中毒：肝脏肿大，颜色变淡呈灰色，有出血斑点，表面呈网格状；肺脏表面及切面有大小不一的灰白色病灶；胆囊扩张，肾脏苍白、肿大；胸部皮下和肌肉有时出血。

慢性中毒：肝脏萎缩呈黄色，质地坚硬，肝表面常有白色点状或结节状增生病灶。

★生石灰中毒（quick lime poisoning）

1.临床症状

病鸡精神不振，羽毛蓬乱，翅膀下垂，只饮不食，拉灰白色稀粪，低头缩颈，呈昏睡状，终因虚脱而死。

2.病理变化

食管、嗉囊及气管充血；肌胃角质层下有黄豆粒大或蚕豆粒大的糜烂斑；十二指肠出血，直肠黏膜水肿、溃疡；肝脏肿大易碎；脾脏肿大；胆囊胀满，胆汁黏稠等。

四、啄　癖

★概述

啄癖（cannibalism），也称异食癖，是家禽之间相互啄食的一种疾病，以啄髯、啄冠、啄羽、啄肛、啄趾、啄头、啄蛋为特征，其中以啄羽、啄肛最为常见，多因营养失调所致，饲养环境条件恶劣、饲养管理不当、疾病等也是本病的诱因。任何日龄的鸡均可发生，雏鸡发病率最高，其次是产蛋期蛋鸡。啄癖危害较大，影响生长发育，引起生产性能下降，造成死亡等。

★病因

营养失调：饲料中营养成分缺乏或比例失调。

饲养环境恶劣：如鸡舍闷热、湿度大、饲养密度高、通风不良，光照过强或时间过长等。

饲养管理不当：如不同品种、不同日龄的鸡混群饲养或饲养人员不固定，突然变换饲料，饲喂不定时定量，未及时清除破蛋或向鸡群内补充新鸡等。

疾病因素：患外寄生虫病或体表皮肤创伤或有炎症，输卵管外翻或直肠脱出或患有某些腹泻症状的疾病等引发啄癖。

★诊断要点

本病以躯体羽毛脱落，肛门外翻、流血，直肠脱落、出血、溃疡，嗉囊有大量的羽毛、杂物等为特征。

啄癖表现为啄羽、啄尾，可自啄、被啄、互啄及啄肉、啄冠、啄头、啄背、啄趾、啄肛、啄脱出肠、啄蛋、啄食杂物等。

★防治要点

断喙或修喙是目前控制啄癖发生的最有效措施，平时加强饲养管理，改善饲养条件，及时通风，温湿度要适宜，饲养密度适中，光照不宜过强，饲喂营养均衡优质饲料，限饲适当，定时喂水给料等。

发现啄癖立即隔离饲养，饲料中添加微量元素、电解多维或复方维生素纳米乳口服液、适量的食盐，并使用一些中药制剂治疗。

【处方1】茯苓、防风、远志、郁金、酸枣仁、柏子仁、夜交藤各250 g，党参、栀子、黄芩、秦艽各200 g，黄柏、臭芜黄、炒神曲、炒麦芽、生石膏（另包）各500 g，麻黄、甘草各150 g。

【用法与用量】上方药量为1 000只成年鸡5 d用量，1次/d，开水冲调，闷30 min，一次拌料，雏鸡酌减。

【应用】本方治疗鸡啄癖，治愈率90%，鱼肝油配合治疗，效果更佳。

【处方2】茯苓、钩藤各8 g，远志、柏子仁各10 g，甘草、五味子、浙贝母各6 g。

【用法与用量】水煎浓汁，供10只鸡1次内服，3次/d。

【应用】治疗鸡啄癖。还可以使用以下处方：①牡蛎90 g，每1 kg体重每天3 g，拌料内服；②远志200 g，五味子100 g，共研细末，混于10 kg饲料中，供100只鸡1 d喂服；③羽毛粉，按3%的比例拌料饲喂。

【处方3】生石膏粉、苍术粉。

【用法与用量】在饲料中添加3%～5%的生石膏及2%～3%的苍术粉饲喂。

【应用】适用于鸡啄食羽毛癖。同时应清除嗉囊内的羽毛。

【处方4】生石膏粉。

【用法与用量】每只鸡每天在饲料中添加1～2 g。

【应用】用于食羽癖效果显著，还可提高产蛋率。

【处方5】食盐。

【用法与用量】在饲料中加入1%～2%的食盐，连喂3～4 d。

【应用】用于缺少食盐引起的啄肛、啄趾、啄翅膀。也可用以下两法治疗鸡啄蛋癖：①蛋壳炒后让鸡啄食；②鲜蚯蚓洗净，煮3～5 min，拌入饲料饲喂，每只蛋鸡每天喂50 g左右，既能防治啄蛋癖，又可增加蛋白质，提高产蛋量。

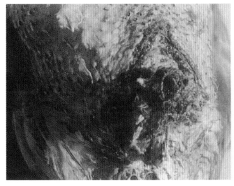

翅膀、背部及尾根部等被啄出血　　　　　背部羽毛被啄光，尾椎被严重啄损

啄尾

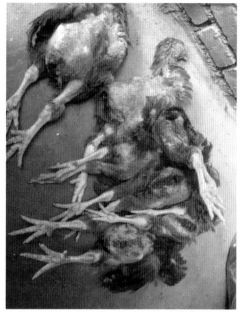
啄肛

五、中　暑

★概述

中暑（heatstroke）是因烈日暴晒、环境温度过高或舍内通风不良、过分拥挤以及饮水供应不足等多因素导致鸡中枢神经紊乱、心衰猝死的一种急性病，包括日射病和热射病。

★临床症状

肥胖的鸡易发，刚死亡的鸡胸腹腔内温度高，灼手。

热射病：突然发病，体温升高，呼吸急迫，张口喘气，两翅张开，晕眩，不站立，食欲减退或废绝，饮水增加或不饮水，昏迷，虚脱，惊厥，死亡等。

日射病：体温高，烦躁不安，战栗，麻痹，痉挛，昏迷而死等。

★病理变化

全身静脉瘀血，血液凝固不良。

肌肉苍白、贫血，胸肌呈水煮样。

脑膜充血、出血、瘀血或水肿。

心冠脂肪点状出血，心包积液。

肺脏瘀血，水肿。

肝脏肿大，土黄色，有出血点。

腺胃变薄，乳头消失，胃穿孔。

肠黏膜脱落，肠壁变薄，肠腔内积有大量气体引起肠管变粗，泄殖腔外翻、出血。

卵泡充血，输卵管内有成形的蛋等。

★防治措施

降暑工作是防治根本，供应充足的饮用水，水中添加小苏打和维生素C等。

（1）发生中暑时，立即将病鸡置于阴凉通风处或浸于冷水中片刻或凉水喷洒，以降低体温，同时用凉水喷洒鸡舍地面，做好人工通风工作等。个别严重鸡采用藿香正气水灌服，每只5~10 mL。大群采用抗热应激药治疗。

碳酸氢钠：按照0.1%~0.2%的比例混饮，维生素C每吨饲料添加200~400 g。

口服补液盐：葡萄糖88 g、氯化钠14 g、氯化钾6 g、碳酸氢钠10 g，溶解于4 000mL水中，供鸡自由饮用，缓解热应激引起的电解质紊乱。

复方氯化铵可溶性粉：氯化铵66.2 g、氯化钾33.3 g、维生素B$_1$ 0.08 g、维生素B$_2$ 0.08 g、维生素B$_6$ 0.075 g、维生素E 0.27 g，饮水，每1 L水2 g用于鸡抗热应激反应，减少热应激引起的死亡。

（2）中药制剂辅助治疗。

【处方1】香薷散

香薷、黄连、当归、连翘、栀子、天花粉各30 g，黄芩45 g，甘草15 g，柴胡25 g。

【用法与用量】1~3 g/只。

【处方2】解暑抗热散

滑石粉51 g，甘草8.6 g，碳酸氢钠40 g，冰片0.4 g。

【用法与用量】1~3 g/只。混饲，每1 kg饲料10 g。

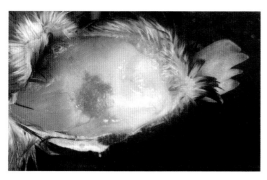

脑膜下充血、出血

龙骨下有血样渗出

肌肉发白，似半煮熟样

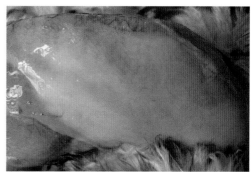

胸肌呈水煮样

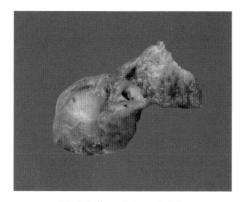

胃壁变薄，腺胃呈蜂窝状

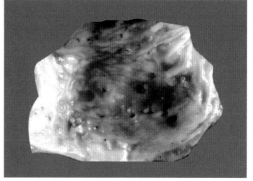

腺胃胃壁变薄，有出血斑

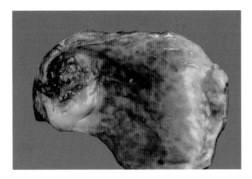

胃壁变薄，乳头消失

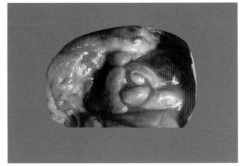

腺胃浆膜外出血，严重时腺胃穿孔

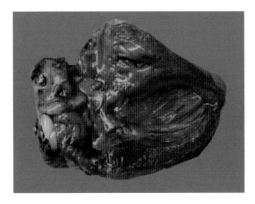

心肌内膜出血

心冠脂肪出血

肝脏质脆易破裂，表面有血样渗出

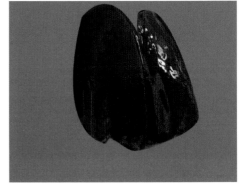

肝脏凹陷型出血

肺脏水肿、瘀血，卵泡充血

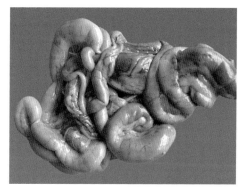

肠管胀气、发黑，肠壁变薄

肠管胀气

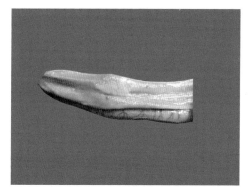

肠黏膜脱落，十二指肠腺体肿胀

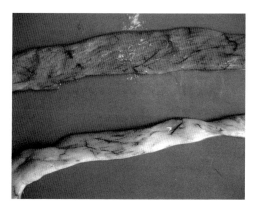

输卵管水肿

卵泡充血、出血，输卵管内有成形蛋

六、鸡肌胃糜烂病

★概述

鸡肌胃糜烂病（gizzard erosion）是由多种致病因素引起鸡的肌胃角质层糜烂、溃疡的一种消化道疾病，是一种与哺乳动物和人的胃肠溃疡出血相类似的非传染性疾病。本病以食欲减退，精神倦怠，呕吐黑色物，贫血，消瘦及肌胃角质层糜烂、溃疡为特征，又曾被称为黑色呕吐病。本病主要发生于肉鸡，其次为蛋鸡和鸭，发病年龄多数在2周龄至2.5月龄。

★诊断要点

病鸡厌食，精神不振，羽毛松乱，闭眼缩颈，蹲伏，倒提病鸡时，口内流出黑褐色黏液。严重感染时腹泻，排出黑色混有血液的稀粪。

肌胃体积增大，胃壁变薄、松软，内容物为黑褐色，肌胃的皱襞深部有局部性糜烂。

病程长时整个肌胃角质层弥漫性糜烂、溃疡，溃疡达肌层深部，导致肌胃壁穿孔。

★防治措施

1.预防

严格控制日粮中鱼粉添加量，禁止添加劣质鱼粉及霉变的饲料原料，平时加强饲养管理，搞好环境卫生，消除应激因素等措施可降低发病率。

2.治疗方案

饮水：碳酸氢钠按照0.2%～0.4%的比例添加，早晚各1次，连用2 d。

拌料：白及、甘草、白头翁、血见愁各5 kg，粉碎后，连同500 g甲氰咪胍加入1 000 kg饲料中，混合均匀后使用，连用3 d后，再将上述中药继续饲喂5～7 d。

肌内注射：严重时，每只病鸡肌内注射维生素K$_3$ 0.5～1 mg或酚磺乙胺50～100 mg，按1 kg体重注射青霉素5万IU。

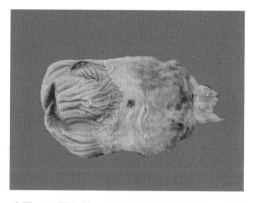

腺胃、肌胃松软，腺胃变薄，乳头消失，腺胃与肌胃交界处有溃疡灶，角质层易脱落

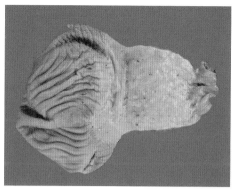

腺胃变薄，乳头出血，肌胃角质层溃疡

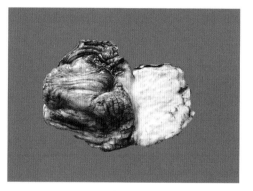

肌胃角质层溃疡

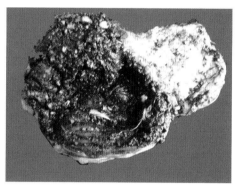

肌胃内容物呈黑色或深褐色

七、禽 痛 风

★概述

　　禽痛风（poultry gout）是由蛋白质代谢障碍和肾脏受损害，致使尿酸盐或尿酸积蓄体内引起的高尿酸血症，以肾脏肿大苍白，体内各器官组织广泛沉积白色尿酸盐为特征。痛风现在称为尿酸盐沉积症或高尿酸血症。

★临床症状

　　痛风分为内脏型和关节型，内脏型痛风常见，发病率时高时低，死亡率特高，关节型痛风较少发生。

1.内脏型

病鸡精神沉郁，羽毛松乱，冠苍白、贫血、萎缩，逐渐消瘦；食欲减退，皮肤脱水、发干；排白色水样或糊状稀粪，含多量尿酸盐，无力，喜卧；皮肤瘙痒，自啄羽毛，瘫痪，脱水而死。

病鸡产蛋率下降，甚至停产，种蛋的孵化率降低。

2.关节型

病鸡关节肿胀，疼痛，有豌豆至蚕豆大小的黄色坚硬结节，溃破后流出白色稠膏状的尿酸盐；因关节肿胀致使行动迟缓，站立困难，跛行，卧伏，采食困难，逐渐虚弱，终因消瘦而死。

★病理变化

1.内脏型

脱水，皮肤发绀；肾脏肿大，色淡，有尿酸盐沉积，输尿管变粗，充塞石灰样沉淀物；瞬膜、眶下窦、脾脏、气囊、腺胃、法氏囊、胆囊、肌肉（如腿肌、胸肌等）、心包膜、肝被膜、肠系膜、腹膜及输卵管等部位有尿酸盐沉积。

2.关节型

关节面、关节腔内及周围组织有白色尿酸盐沉积，有的关节面糜烂，有的呈结石样的沉积垢，又称为痛风石或痛风瘤。

★防治措施

1.预防

消除病因，对症治疗，按照营养标准配料，减少动物性蛋白质添加。

2.治疗方案

目前无特效疗法。一般采用增强尿酸盐排泄的药物对症治疗，饮水中添加维生素电解质尤其是维生素C，采用清热解毒、通淋排石的中药方剂治疗。

（1）选用增强尿酸盐排泄的药物治疗。

丙磺舒：0.1～0.2 g/kg饲料。可抑制尿酸盐在肾小管的重吸收，增加尿酸盐的排泄。

别嘌呤醇：0.01～0.05 g/kg饲料。可竞争抑制体内的黄嘌呤氧化酶，减少尿酸合成。与丙磺舒并用，作用增强。

1%碳酸氢钠溶液或0.25%柠檬酸钠溶液：饮水，1次/d，连用2～3 d。

阿司匹林、碳酸氢钠联合用药：阿司匹林12.5 g、碳酸氢钠35 g，兑水

200 kg，连用5～7 d。

枸橼酸钾、碳酸氢钠联合用药：枸橼酸钾100 g、碳酸氢钠100 g、葡萄糖50 g，兑水125 kg，连用2～5 d。

复方阿司匹林可溶性粉：阿司匹林99 g、氯化钠100 g、枸橼酸1 g、碳酸氢钠700 g、氯化钾100 g，混饮，每1 L水加本品3 g，连用3 d。

（2）选用清热解毒、通淋排石的中药制剂治疗。

【处方1】金钱草散

金钱草60 g，车前子、木通、石韦、瞿麦、冬葵果、甘草、虎杖、徐长卿各9 g，忍冬藤、滑石各15 g，大黄18 g。

【用法与用量】混饲，每1 kg饲料5～10 g。

【处方2】茵陈大腹皮散

茵陈100 g，车前子40 g，泽泻、百部各30 g，茯苓、板蓝根、大腹皮各50 g，地龙10 g，麻黄15 g，桂枝5 g。

【用法与用量】1 g/只，连用3 d，雏鸡酌减。

【处方3】鸡痛风消散

木通、地榆、连翘各40 g，海金沙、甘草、车前子各30 g，诃子、猪苓、苍术各60 g，乌梅50 g。

【用法与用量】1 g/只。

雏鸡消瘦、瘫痪

肛门附近染有白色尿酸盐粪便，关节肿胀、变形

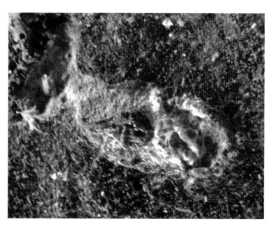

粪便混有白色尿酸盐

内脏型：眶下窦肿胀

内脏型：瞬膜及眶下窦有白色尿酸盐沉积

内脏型：嗉囊有尿酸盐沉积

内脏型：肌肉有白色尿酸盐沉积

内脏型：腿肌有尿酸盐沉积

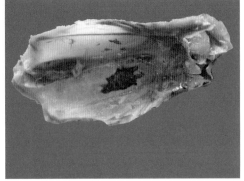

内脏型：龙骨下有尿酸盐沉积

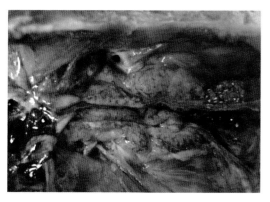

内脏型：肾脏肿大、苍白，有尿酸盐沉积

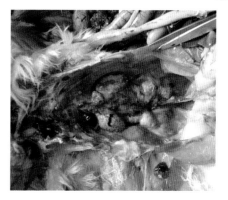

内脏型：花斑肾，有尿酸盐沉积

内脏型：肝脏有白色点状尿酸盐沉积，心包膜与心肌间沉积大量白色尿酸盐，粘连等

内脏型：肝脏有白色尿酸盐沉积

内脏型：心脏、肝脏及肠系膜等处有尿酸盐沉积

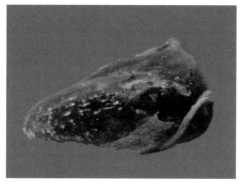

内脏型：胆囊充盈，有尿酸盐沉积

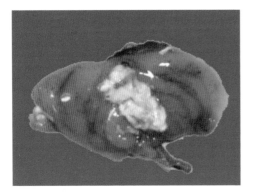

内脏型：法氏囊内有白色尿酸盐沉积

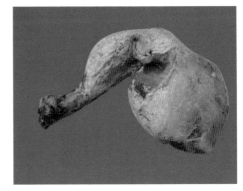

内脏型：腺胃、肌胃表面有白色尿酸盐沉积

内脏型：腺胃和肌胃交界处有尿酸盐沉积

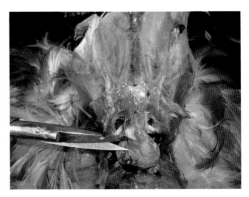

内脏型：心包和龙骨黏膜有白色尿酸盐沉积

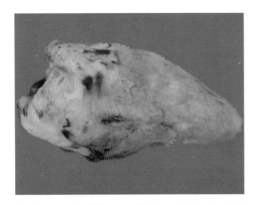

内脏型：心包膜与心肌粘连，心肌与心包膜间有尿酸盐沉积

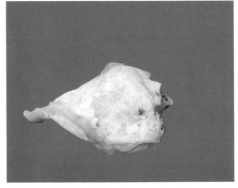

内脏型：心包膜有尿酸盐沉积，心肌和心包粘连

内脏型：心脏呈白色，心包膜与心肌之间有大量尿酸盐沉积，心包膜与心肌粘连，肝脏肿大、出血，肝被膜有尿酸盐沉积

内脏型：气囊有白色尿酸盐沉积

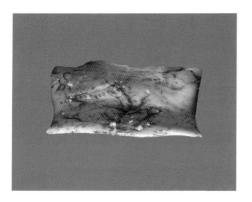

内脏型：输卵管浆膜外有尿酸盐沉积

关节型：关节肿胀、变形，有大小不一隆起的白色结节

关节型：关节腔内积有尿酸盐

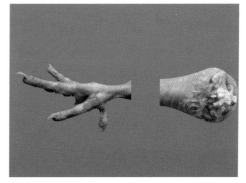

关节型：关节肿胀，关节腔和周围组织有白色石灰样尿酸盐

八、腹水综合征

★概述

腹水综合征（ascites syndrome）多发生于肉鸡，是由多种致病因子造成的以慢性缺氧、代谢机能紊乱而引起的右心室肥大扩张、肺瘀血水肿、肝肿大和腹腔大量积液为特征的疾病。

★病因

品种因素：肉仔鸡生长快速，代谢旺盛，肺脏的容积与体重增加不成比例，耗氧量大，引起肺脏瘀血，心脏负担加重，导致腹水的发生。

缺氧：缺氧可引发本病。如冬季鸡舍通风不良，饲养密度过大或有害气体增多等环境因素导致相对缺氧；高海拔地区，氧分压低，易致慢性缺氧。

肺脏损害、心脏受损、肝脏受损、高能量日粮、霉变饲料及药物（莫能菌素等）中毒等因素均可引起腹水。

综上所述，病因可简单概括为：因诸多因素引起鸡肺动脉血流阻力增大→肺动脉压增高→右心室代偿性负荷增大→右心室扩张和肥大→心扩张→右心室充血性心力衰竭→全身性瘀血，导致腹水和心包积液。

★临床症状

本病四季均可发生，以冬季多发，死亡率高，最早3日龄雏鸡发病，3～6周龄的肉鸡多发，白羽肉鸡易发病。

病鸡精神沉郁，食欲减退，呼吸困难，冠髯发紫，腹部膨大，臌如水袋，下垂，触摸有明显波动感，腹部皮肤变薄发亮呈暗褐色。

病鸡站立困难，以腹部着地呈企鹅状，行动缓慢，呈鸭步样，腹泻，排白色、黄色或绿色稀粪，有时怪叫，出现腹水后2 d左右死亡。

★病理变化

腹腔中积有大量澄清透明液体或胶冻样积液，内有纤维蛋白凝块或絮状物，积液呈淡黄色或带血色，积液达200～500 mL，甚至更多。若肝脏破裂则出现带血腹水。

心脏体积增大，心壁变薄，右心室明显扩张、柔软，心包积液，积液有时呈胶冻状（这点与心包积液综合征相似）。

肝脏肿大、充血或瘀血或萎缩、硬化，实质部有圆形斑点或结节，表面有灰白色或淡黄色胶冻样物覆盖，类似蛋清。

肺脏瘀血、水肿；肾脏肿大、充血，有尿酸盐沉积；脾脏萎缩；胆囊充盈；肠道出血，肠管变细，内容物稀少；肌肉出血等。

★防治措施

1.预防

搞好环境卫生，饲养密度适中，保持舍内合适的湿度和温度，做好通风，饲喂营养成分均衡的优质无霉变的饲料，供应清洁饮用水，科学用药等，均可降低发病率。

药物预防。每1 000 g饲料中添加维生素C 0.5 g、维生素E 2 mg、亚硒酸钠0.1 mg，可降低本病的发生率。

2.治疗方案

及时消除病因，采用清热利湿、通淋、消肿的中药制剂消除和减少腹水，并限制饮水调整钠盐平衡。

【处方1】二苓车前子散

猪苓、茯苓、泽泻、白术、丹参、车前子、葶苈子、山楂、陈皮各20 g，桂枝、附子、炙甘草各10 g，滑石40 g，六神曲30 g。

【用法与用量】混饲，每1 kg饲料20 g。

【处方2】二苓石通散

猪苓、泽泻各10 g，苍术、陈皮、滑石各30 g，桂枝、姜皮、木通、茯苓各20 g。

【用法与用量】混饲，每1 kg饲料5 g，连用3～5 d。

【处方3】芪苓绞股蓝散

黄芪200 g，茯苓、紫草、泽泻各150 g，绞股蓝350 g。

【用法与用量】混饲，每1 kg饲料4 g。

【处方4】当归芍药散

当归、川芎、泽泻、白芍、茯苓、槟榔各30 g，白术、木香、生姜、陈皮、黄芩、龙胆草各20 g，生麦芽10 g。

【用法与用量】混合粉碎，过100目筛，拌料饲喂100～150只7～35日龄肉仔鸡，连用3 d为1个疗程。

【应用】用本方治疗2 500只肉仔鸡，一般1～2个疗程治愈，治愈率达97.5%。

腹部膨大

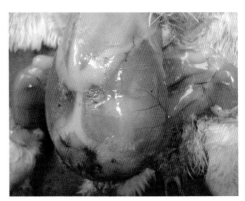

腹腔内有大量液体

腹腔充满大量液体

腹腔内有黄色胶冻样渗出物

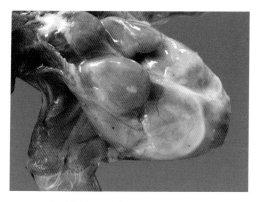

心脏肥大、心包积液，肝脏变性

肝脏变性，表面有黄白色坏死灶散在

早期：肝脏瘀血，肝被膜增厚，脱落

后期：肝脏硬化，心肌疲软

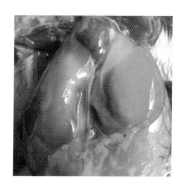

肝脏表面有大量淡黄色胶冻样物

肺脏瘀血、水肿；肾脏肿大、出血

肺脏出血、瘀血

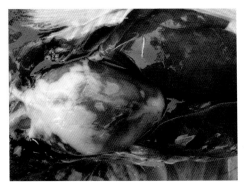

心包积液

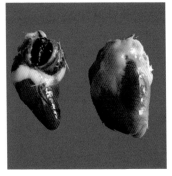

左侧为正常心脏，右侧为腹水
综合征的心脏，心脏呈代谢性
肥大，心壁变薄

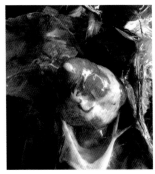

心脏体积明显增大

右心室肥大，心肌变薄

九、禽脂肪肝综合征

★概述

禽脂肪肝综合征（fatty liver syndrome of poultry）是以脂肪代谢障碍、肝脏脂肪变性为特征的家禽营养代谢病。本病主要发生于产蛋高峰的蛋鸡。

★病因

本病并没有确切的原因，公认的是以下几种：

本病与长期饲喂高能量、高脂肪的日粮有密切关系，或长期饲喂过量饲料，摄入能量过多。

饲料中缺乏蛋氨酸和胆碱，体脂合成磷脂过程障碍，脂肪聚集肝脏。

高产蛋品系鸡、笼养和环境温度高等因素刺激脂肪肝的发生，而饲料中真菌毒素（黄曲霉毒素等）或油菜籽饼中芥子酸可引起肝脏变性；产蛋高峰期突然光照减少，产蛋下降，饮水不足或应激因素等状态下均可使过剩营养转化为脂肪。

★临床症状

本病多发生于高产蛋鸡或产蛋高峰期蛋鸡及肉仔鸡，从发病到死亡仅1~2 d，多数鸡体况好，较肥胖，蛋鸡产蛋率明显下降。

病鸡精神不振，采食量减少，喜卧，冠、肉髯褪色乃至苍白，嗜睡，瘫痪，腹部膨大且软绵下垂，拉稀，昏迷或痉挛而死，突然死亡。

★病理变化

肝脏肿大，质脆易碎，边钝圆，呈黄色油腻状；表面有出血点和白色坏死灶，切面上有脂肪滴附着，肝脏破裂发生内出血时，肝脏表面和腹腔内有血凝块。

皮下、腹腔和肠系膜、肌胃、心脏等处有多量脂肪沉积；肾脏略变黄，脾脏、心脏、肠道有小出血点，心肌变性呈黄白色。

★防治措施

1.预防

适当限制饲料喂量，禁止使用发霉饲料及原料，适当添加氯化胆碱等，有利于减少本病的发生。发病后，应立即降低饲料中的能量水平，提高蛋白质含量，病情较严重的直接淘汰。

2.治疗方案

（1）每1 000 kg饲料中添加硫酸铜63 g、胆碱550~1 000 g、维生素B_{12}12 mg、维生素E 2万IU、蛋氨酸500 g、肌醇1 000 g，连续饲喂10~15 d。

（2）每1 000 kg饲料中添加氯化胆碱1 000~2 000 g，连喂10 d，饮水中添加多种电解质维生素或复方维生素纳米乳口服液，连饮1~2周。

（3）采用燥湿解毒、清热疏肝的中药制剂辅助治疗。

【处方1】柴胡30 g，黄芩、丹参、泽泻各20 g，五味子10 g。

【用法与用量】粉碎，按每只1 g，每天早晨拌料一次喂给。

【功能】清热舒肝，燥湿解毒。

【应用】用本方治疗鸡脂肪肝，用药3 d后症状缓解，后改为隔日用药，10 d

后病情得到控制。若在产蛋高峰到来前用药，按每只鸡0.5 g，隔2 d用1次，产蛋率提高。

【处方2】柴胡30 g，黄芩、丹参、泽泻各20 g，五味子、绞股蓝各10 g，板蓝根15 g。

【用法与用量】粉碎，按1～3 g/只，拌料集中一次喂给，连用5～7 d。

【处方3】加减茯白散（河南省现代中兽医研究院研制）

板蓝根15～25 g，白芍10～20 g，茵陈20～30 g，龙胆草10～15 g，党参7.5～15 g，茯苓7.5～15 g，黄芩10～20 g，苦参10～20 g，甘草10～30 g，车前草10～30 g，金钱草15～45 g。

【应用】对多因素引起的肝脏肿大等症具有治疗或缓解功效。

【用法与用量】0.5～2.0 g/只，1次/d，连用5～7 d。

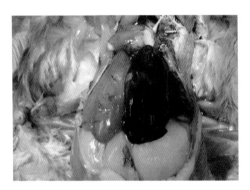

肝脏呈黄色油腻状，易破裂，肝脏表面或腹腔内有血凝块，腹腔内沉积大量脂肪

肝脏颜色变浅，呈黄色油腻状，腹腔内沉积大量脂肪

肝脏肿大、色淡，条状出血，腹腔内沉积大量脂肪

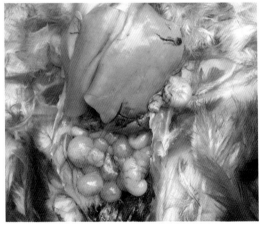

肝脏肿大、质脆易碎，呈黄色油腻状，有出血条带，卵黄变性、坏死等

十、笼养蛋鸡疲劳综合征

★概述

笼养蛋鸡疲劳综合征（cage layer fatigue）又名笼养软脚症，笼养产蛋鸡多发，是以腿软、瘫痪为特征的一种营养代谢病。

★病因

引起本病的原因很多，一般是由于饲料中维生素D及钙、磷缺乏或饲料中钙、磷比例严重失调致使蛋鸡的甲状旁腺激素分泌增加，促使骨骼中钙盐溶解吸收供鸡体需要，导致钙的不足等引起本病的发生。

★诊断要点

产蛋鸡多发，肥胖鸡高发，发病率可达15%～20%，终因采食困难、消瘦而死。

病鸡行走不便，站立困难，常卧伏；喙、爪变软易弯曲等。

产蛋率下降，软壳蛋和破壳蛋增多等。

皮下瘀血，翅骨和腿骨易折裂，胸肌萎缩，胸骨凹陷呈"S"状弯曲等。

★防治措施

1.预防

加强饲养管理，搞好环境卫生，保持适宜的饲养密度与温湿度，合理的光照，良好的通风，饲喂营养均衡的饲料，适时上笼并选择合适的笼舍等措施可降低发病率。

2.治疗方案

及时查找病因，对症对因治疗。夜间加强光照，给以充足饮水，降低血液黏稠度，饮水中添加多种电解质维生素或复方维生素纳米乳口服液等可减少死亡。

十一、蛋鸡开产期水样腹泻综合征

★概述

蛋鸡开产期水样腹泻综合征（water-like diarrhea syndrome in starting laying hens）是临床上多见的一种疾病，也称为顽固性腹泻，以剧烈的水样腹泻为特征，多发生于开产前后的青年母鸡，夏季和初秋季节90～150日龄的蛋鸡发病，目前肉鸡发病率呈上升趋势。

本病一般不呈传染性，局部地区流行。病因可能与饲料中的钙含量改变、饲喂含高粱过多的饲料及其引起的应激有关，生理因素的应激也可能是本病的促发因素等。

★临床症状

病鸡剧烈水样腹泻，粪便稀薄如水，混有白色黏液，如牛奶样，也有黄色、白色、绿色或脓样粪便，肛门附近羽毛被粪便污染。

病鸡精神状态较好，采食量正常，饮水量增加，翅膀下垂，鸡冠发白，机体消瘦，生长不良。蛋鸡产蛋率基本不变，蛋壳品质变差，颜色发白，蛋个变小，蛋重变轻等。

★病理变化

机体消瘦，肠黏膜充血、出血、脱落，严重时呈急性出血性肠炎，略肿胀；盲肠扁桃体出血；输卵管水肿、充血、出血、卵黄性腹膜炎等。

★防治措施

1.预防

平时加强饲养管理，饲喂营养均衡的优质饲料，减少应激，开产前30 d饲料中添加补中益气、调理脾胃的中药制剂、多种维生素电解质及有益菌等可降低发病率。

2.治疗方案

治疗以补肾固本、健脾和胃、涩肠燥湿、调理中气为原则，及时调整饲料中钙及高粱的含量等。发病后及时补充口服补液盐（葡萄糖88 g、氯化钠14 g、氯化钾6 g、碳酸氢钠10 g，溶解于4 000 mL水中，供鸡自由饮用），饲料中添加有益菌、葡萄糖氧化酶、低聚木糖、复方维生素纳米乳口服液等，配合中药使用效果更好。

【处方1】白龙散

白头翁600 g，龙胆草300 g，黄连100 g。

【用法与用量】1～3 g/只。

【处方2】白头翁散

白头翁、秦皮各60 g，黄连30 g，黄柏45 g。

【用法与用量】2～3 g/只。

【处方3】泻必康散

白头翁、山药、马齿苋、地锦草、穿心莲、金樱子、赤石脂各40 g，黄连、厚朴各10 g，黄柏、秦皮、诃子、辣蓼、苍术、石榴皮各20 g，山楂（炭）、地榆各60 g。

【功能与主治】清热解毒，和胃止泻。主治鸡腹泻症等。

【用法与用量】混饲，1 g/只，直至痊愈。

【处方4】化湿止泻散

茯苓、薏苡仁、车前子、苍术（炒）、炒扁豆、穿心莲、赤石脂各150 g，泽泻60 g，藿香、葛根、黄柏、麦芽、木香各100 g，石榴皮50 g，山楂90 g。

【功能与主治】健脾化湿，清热解毒，涩肠止泻。适合各种原因引起的水样腹泻、粪便稀薄等症状。

【用法与用量】混饲，1 g/只，直至痊愈。

【处方5】金连散（河南省现代中兽医研究院研制）

金银花、黄连、连翘、乌梅各10 g，诃子、白矾、枳壳各9 g，地榆12 g，焦三仙45 g，陈皮、黄芪各8 g等。

【用法与用量】1～3 g/只。

【应用】治疗禽腹泻、坏死性肠炎等，连用5 d。

病鸡拉白色、棕褐色水样粪便

粪便不成形，呈黄白色

粪便呈肉红色、乳白色

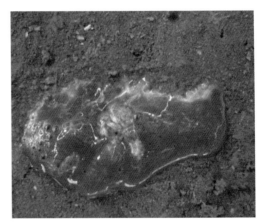

稀粪呈黄白褐色

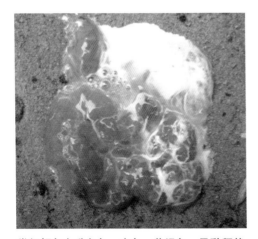

粪便颜色有乳白色、肉色、黄绿色，呈黏稠状

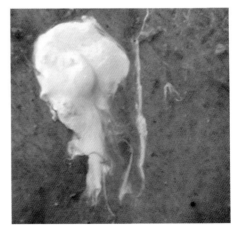

粪便乳白色如牛奶状

十二、产蛋异常综合征

★ 概述

产蛋异常综合征（abnormal egg production syndrome）指的是蛋鸡无产蛋高峰、产蛋徘徊不前及产蛋下降的总称。

★ 病因

1.无产蛋高峰的原因

蛋鸡在育雏时期患过某种疾病，如传染性支气管炎、禽流感、大肠杆菌病等造成生殖系统受到严重破坏，或导致生殖系统发育不良。

青年鸡平均体重与胫骨长不达标，尤其体重达标而胫骨长不达标，致使生产性能下降。

营养水平偏低不能满足高产时鸡对营养的需求，易引起歇产。

2.产蛋徘徊不前的原因

饲养管理不善，如鸡舍污染严重，环境太差；光照不合理，如光照时间过短、光照过弱或光照时间不稳定；新城疫、大肠杆菌病、新母鸡病等隐性感染致使产蛋徘徊不前。

饲料营养偏低，不能满足高产的需求，或者蛋鸡开产之后未能及时而足量地补充钙源和蛋白质，致使产蛋增长缓慢。

3.产蛋下降的原因

新城疫、禽流感等病毒病感染或大肠杆菌病等细菌病的存在，或菌毒混合感染等引起生殖系统炎症造成产蛋下降，白壳蛋、薄壳蛋、砂壳蛋、血斑蛋或粪斑蛋等增加。

应激因素如使用对产蛋有影响的药物、用药时断水时间及断料时间长、饲料质量不稳定或更换饲料造成的换料应激等、防疫（如疫苗反应）、惊吓、天气突变、异常噪声、外物入侵、光照不稳定等均可诱发本病。

★ 诊断要点

产蛋高峰期时无产蛋高峰，产蛋率80%左右，或者比预产期的产蛋率低10%～15%，鸡群采食、饮水、精神均正常。

产蛋快速增长期（开产之后或疾病之后）时产蛋率上升缓慢，甚至徘徊不前，或者忽高忽低呈反复状。

产蛋率缓慢下降，下降幅度不大，蛋质变差，白壳蛋、薄壳蛋、砂壳蛋或血斑蛋等增加，采食量、饮水量、精神正常。

★防治措施

1.预防

采取综合防治措施，如饲喂营养均衡的优质饲料，搞好环境卫生，定期进行消毒，并做好常规疫苗的免疫接种，定期添加多种维生素电解质，防止各种应激等。发病后，针对病因、病症治疗，消除输卵管炎症。

2.治疗方案

（1）抗微生物药饮水或拌料控制细菌病，治疗时配合鱼肝油或复方维生素纳米乳口服液饮水等。

（2）中药辅助治疗。

【处方1】益母增蛋散

黄芪、熟地黄各60 g，当归、山楂、板蓝根各80 g，淫羊藿、女贞子、益母草各150 g，丹参、紫花地丁、地榆各50 g，甘草40 g。

【主治】鸡输卵管炎及其引起的产蛋功能低下。

【用法与用量】混饲，每1 kg饲料5～10 g。

【处方2】加味激蛋散

松针、玄明粉各300 g，麦芽200 g，虎杖33.4 g，丹参26.6 g，菟丝子、当归、川芎、牡蛎、肉苁蓉各20 g，地榆16.7 g，丁香6.6 g，白芍26.7 g。

【主治】产蛋功能低下。

【用法与用量】混饲，每1 kg饲料25g，连用5 d。

【处方3】板蓝根当归散

板蓝根、当归、黄连各60 g，苍术40 g，金银花100 g，六神曲70 g，麦芽90 g，诃子20 g。

【主治】清热解毒，湿热内蕴，胞宫所致的鸡产蛋机能下降。

【用法与用量】混饲，每1 kg饲料20 g，连用7 d。

【处方4】九味黄芪颗粒

黄芪、杜仲各225 g，续断、白术、补骨脂、大枣各150 g，白芍90 g，山药

300 g，砂仁75 g。

【主治】肾亏阴虚引起的产蛋下降。

【用法与用量】混饮，每1 L水0.5 g，连用3～5 d。

【处方5】激蛋散

虎杖100 g，丹参80 g，菟丝子、当归、川芎、牡蛎、肉苁蓉各60 g，地榆、白芍各50 g，丁香20 g。

【主治】输卵管炎，产蛋功能低下。

【用法与用量】混饲，每1 kg饲料10 g。

【处方6】降脂激蛋散

刺五加、仙茅、何首乌、当归、艾叶各50 g，党参、白术各80 g，山楂、六神曲、麦芽各40 g，松针粉200 g。

【主治】产蛋下降。

【用法与用量】混饲，每1 kg饲料5～10 g。

蛋壳颜色变浅，薄壳蛋、砂壳蛋增多
（上为异常蛋，下为正常鸡蛋）

薄壳蛋、破壳蛋、焦壳蛋、砂壳蛋等增多

薄壳蛋、软壳蛋

输卵管发育不良，囊肿

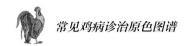

十三、新母鸡病

★概述

新母鸡病（the new hen disease）是近几年来我国蛋鸡生产中最为突出的条件病之一，给养鸡业带来很大损失。刚开产的鸡群产蛋率超过20%时陆续暴发，凌晨1~2时为死亡高峰时段。

★病因

目前关于本病的病因很多，如滤过性病毒病、输卵管炎或肾炎或大肠杆菌病的继发感染、饲料营养不均衡及应激因素（如热应激造成体温升高，呼吸加快造成大量CO_2流失，加上饮水不足，体内pH值上升，导致碱性偏高中毒）等可引起本病的发生。

★临床症状

产蛋鸡（150日龄左右）突然发病、死亡，发病率高，零星死亡，病程可达数周。

病鸡瘫痪不起，肛门处常有一成形蛋，挤出后可好转，或在夜间突然死亡；病鸡精神沉郁，拉白色或水样或蛋清样恶臭粪便，肛门附近羽毛被污染；病鸡脱水，皮肤干燥，眼睛下陷，产蛋率上升缓慢或停止不前等。

★病理变化

皮肤脱水、干燥，鸡冠、肉髯及面部呈紫色。

肌肉瘀血或苍白，嗉囊扩张，内含多量刚食入的食物。

腺胃变薄、变软，溃疡或穿孔，腺胃乳头流出红褐色液体，黏膜有血水样脓液渗出物，肌胃内含有发酵饲料。

胸腔壁出血、潮红；肾脏肿大，有白色尿酸盐沉积；肝脏肿大、瘀血或有灰白色坏死灶；胰脏变性、坏死或呈黄白相间状；卡他性肠炎，肠道内有黏液栓塞物；气管出血等。

输卵管水肿，卵泡充血、出血，子宫部常有一硬壳成形蛋，多发生卵黄性腹膜炎。

★防治措施

参考产蛋异常综合征。

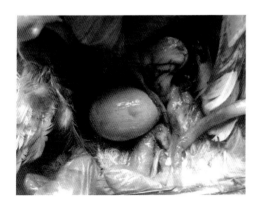

子宫部有成形蛋

卵黄坏死、破裂

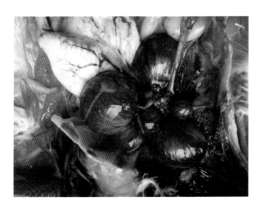

卵泡充血、出血、坏死

肝脏色淡，有圆形出血斑

肝脏肿大、出血

口腔有黏液

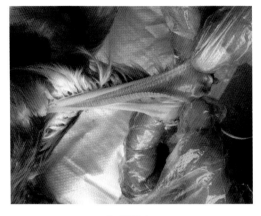

气管出血

腺胃柔软、出血

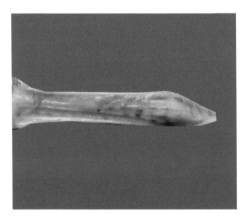

直肠黏膜出血

扁桃体出血、溃疡

十四、肠毒综合征

★概述

　　肠毒综合征（enterotoxic syndrome）是诸多因素引起家禽的一种肠道炎症的总称。本病主要危害肉鸡、雏鸡及青年鸡，临床特征为腹泻、生长迟缓、消瘦、贫血，病理特征为肠黏膜脱落、出血。目前本病给养鸡业造成了巨大的经济损失。因引起本病的因素众多，故本书只做描述，不做定论。

★病因

虽然本病的病因是多方面的，球虫病仍是发病的主要原因，细菌病（如大肠杆菌病、沙门杆菌病、魏氏梭菌病等）及病毒感染（如呼肠孤病毒感染）、内外毒素（黄曲霉素，虫体细菌死亡、崩解等产生的毒素）、饲养管理不良、养殖环境恶劣及饲料中维生素、能量和蛋白质过高等因素均可诱发本病或加重病情。

★流行病学

本病四季均可发生，夏秋两季多见，饲养密度过大、鸡舍潮湿闷热、通风不良、卫生条件差的发病率高，症状也较严重。不同品种的鸡均可感染发病，多发于12～30日龄的肉鸡和20～110日龄的蛋鸡。

★临床症状

初期粪便稀薄、不成形，粪便中有未消化的饲料，2～3 d后，采食量明显下降，增重缓慢或发育不良，消瘦，贫血；中期精神沉郁，闭目呆立；后期尖叫、兴奋、跳跃、瘫痪、昏迷等，终因脱水衰竭死亡。

★病理变化

发病早期肠黏膜增厚，颜色变浅，呈灰白色，像一层厚厚的麸皮，极易剥离，有的肠腔内没有内容物，有的内容物含有尚未消化的饲料。

发病中后期肠壁变薄，黏膜脱落，肠内容物为蛋清样或黏脓样。

病情严重时，肠黏膜几乎完全脱落崩解，肠壁变薄，肠内容物呈血色蛋清样或黏脓样、柿子样；肝脏、脾脏有细小的坏死灶散在。

★防治措施

1.预防

加强饲养管理，搞好环境卫生与消毒，消除发病因素等可降低发病率。

2.治疗方案

发病后，按照多病因的治疗原则，以增强机体免疫力为基础，治疗球虫病和肠道致病菌混合感染为前提，采用中西医治疗，标本兼治。

（1）采用抗微生物药与抗球虫药治疗（抗球虫药参考鸡球虫病）。

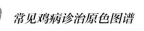

（2）中药制剂治疗。

【处方1】青蒿白头翁散

青蒿60 g，白头翁、地榆、墨旱莲、白芍、山楂各15 g，黄芩、木香各10 g，山大黄20 g，鸦胆子、白矾各2 g，板蓝根25 g，雄黄1 g，甘草5 g。

【用法与用量】每1 kg饲料10 g（以球虫感染为主）。

【处方2】驱球止痢散

常山960 g，白头翁、仙鹤草、马齿苋各800 g，地锦草640 g。

【用法与用量】混饲，每1 kg饲料2～2.5 g（以球虫感染为主）。

【处方3】白马黄柏散

白头翁、黄柏各300 g，马齿苋400 g。

【用法与用量】1.5～6 g/只。

【处方4】清瘟治痢散

大青叶、板蓝根、拳参、绵马贯众、白头翁各15 g，紫草、地黄、玄参、黄连、木香、柴胡各10 g，甘草6 g。

【用法与用量】混饲，每1 kg饲料5 g。

【处方5】健脾止痢散

党参、黄芪各60 g，白术、炒地榆、黄芩、黄柏、白头翁、苦参、焦山楂各500 g，秦皮50 g。

【用法与用量】粉碎混匀，按每只每天1.5 g拌料饲喂。

【应用】本方适用于治疗稀粪带有绿水，或白痢，或血便，或粪便混有肠黏膜的肉鸡腹泻。用本方治疗经喹乙醇、痢特灵、敌菌净、庆大霉素治疗10 d效果不明显的肉鸡腹泻，治疗3 d后痊愈率达97％。

【处方6】青胆散（河南省现代中兽医研究院研制）

青蒿、血见愁各10 g，苦参、龙芽草、地锦草、白头翁各9 g，地胆草、柴胡各8 g，太子参6 g等。

【功能】清热凉血，杀虫止痢。

【主治】球虫病、肠毒综合征、腹泻等。

【用法与用量】0.5～2 g/只。

病鸡消瘦，精神沉郁，呆立

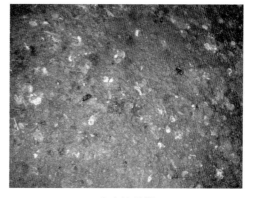

病鸡拉料粪

病鸡拉黄色稀粪

粪便表面有黏液，粪便中有未消化的颗粒状饲料

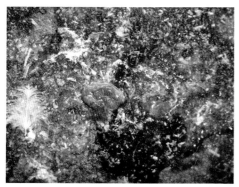

粪便中有脱落的黏膜组织，呈肉红色

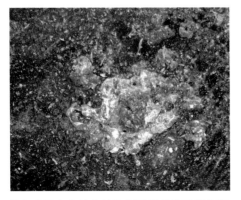

粪便中混有未消化的饲料及脱落的黏膜组织

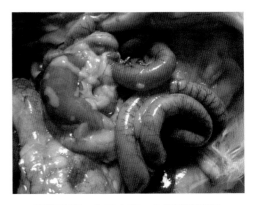

肠道肿胀，有出血斑，血管扩张明显

十二指肠肿胀，盲肠出血

小肠球虫病为主的感染：肠道出血，管腔内有脱落的黏膜组织

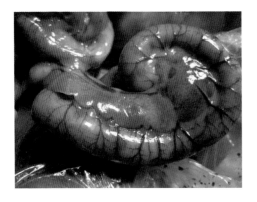

胰腺点状出血，肠道肿胀，血管扩张

胰腺点状出血，十二指肠肿胀、广泛性出血

十五、传染性腺肌胃炎

★ 概述

传染性腺肌胃炎（transmissible of proventriculitis and gizzard）是一种以鸡生长不良、消瘦、整齐度差，腺胃肿大如乳白色球状、腺胃增厚，腺胃乳头凹陷、出血、溃疡，肌胃角质层易剥离、皲裂、溃疡、糜烂为主要特征的疾病。

目前肉鸡和青年鸡发病呈上升趋势，蛋鸡也偶见。本病病程长，死淘率高，给养鸡业造成了很大的损失。本书只做描述，不做任何定论。

★ 病因

本病的病因很多但都不明确，如生物胺、肌胃糜烂素、霉菌毒素（其中呕吐毒素和T-2毒素是引发家禽腺肌胃炎的元凶）、传染性支气管炎病毒、传染性法氏囊病毒、马立克病毒、禽腺病毒、禽呼肠孤病毒、禽网状内皮组织增生症病毒、鸡传染性贫血病毒、圆圈病毒3型等均与该病有关。

★ 流行病学

本病四季均可发生，夏秋季节发病率高，尤其是6～9月。各品种鸡均可发病，肉杂鸡、白羽肉鸡发病率最高，黄鸡和蛋鸡次之，20～60日龄肉鸡多发。发病日龄不等，一般7～21日龄高发，最早1日龄可见腺胃肿胀、肌胃溃疡等。

本病具有"两大三抑制四萎缩"的特点，常造成生长抑制和免疫抑制，导致鸡生长不良，均匀度差，色素沉着障碍，体重不达标，料肉比高，免疫器官发育迟缓，免疫应答弱，抗病力低，易感各种疾病。

病程不等，一般为10～15 d，长者可达35 d，发病后5～8 d为死亡高峰，耐过鸡生长速度缓慢，死淘率高，给养鸡业造成很大的损失。

★ 临床症状

病鸡精神沉郁，缩头垂尾，翅下垂，羽毛蓬乱不整，长出小尾巴，采食量及饮水量减少。

病鸡机体苍白，喙、爪褪色，生长迟缓或停滞，极度消瘦，同一批次的鸡体

重差异显著。

有些病鸡流泪、肿眼、咳嗽，排白色或绿色稀粪，粪便中常有未消化的饲料及脱落的黏膜组织。

★病理变化

腺胃肿大如球，呈乳白色、灰白色格状外观；腺胃壁增厚、水肿，指压可流出浆液性液体；腺胃乳头肿胀、出血、溃疡，有的乳头已融合，界限不清；肌胃角质层易剥离、皲裂、溃疡、糜烂等；肌胃、胸腺、脾脏及法氏囊萎缩；肠道有不同程度的出血性炎症。

★防治措施

1.预防

搞好环境卫生和消毒，针对主要病原进行相应的免疫接种。

禁止使用霉变饲料及原料等是防治腺肌胃炎发生的重要措施。

2.治疗方案

因本病病因复杂，鸡群发病后应采取对症治疗的原则。目前笔者采用中西医结合的方法进行试治，效果显著。

（1）抗微生物药饮水，控制细菌性疾病。配合复合维生素B可溶性粉或复方维生素纳米乳口服液，利于本病的康复。干扰素、转移因子、蜂毒肽等饮水辅助治疗。

（2）中药制剂治疗。

【处方1】胃康（河南省现代中兽医研究院研制）

生地黄、蒲公英、黄连、黄芩、黄柏、金银花各9 g，甘草6 g，板蓝根、白头翁、鱼腥草各12 g，焦山楂、炒麦芽各15 g。

【用法与用量】煎煮后供200只鸡饮用。

【应用】治疗腺胃炎，连用5 d，效果显著。

【处方2】胃肠康（河南省现代中兽医研究院研制）

神曲、麦芽、炒山楂、陈皮、地榆各15 g，枳壳9 g，党参8 g，乌梅、诃子、白矾各13 g，黄连、连翘、金银花、黄芪各11 g，甘草10 g。

【用法与用量】煎煮后供200～300只鸡饮用。

【应用】治疗鸡腺胃炎、肌胃炎及肠炎等，连用5 d，有效率高达94.32%以上。

病鸡消瘦，羽毛蓬乱，精神沉郁

鸡大小差异显著，长出小尾巴

病鸡拉料粪

粪便中混有脱落的黏膜组织

病鸡拉黄白色牛奶样粪便

腺胃肿胀如球状，呈乳白色，肌胃与腺胃交界处变薄

腺胃肿胀如球状，脾脏坏死，肠胀气

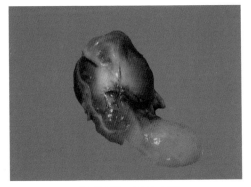

腺胃肿胀，质地变硬

腺胃肿胀，质地变硬，腺胃和肌胃大小差异不显著

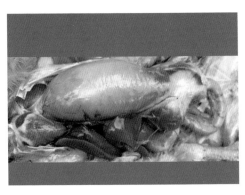

腺胃高度肿胀，体积变大，质地变软，呈苍白色，大小是肌胃的3倍以上

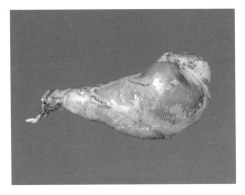

腺胃高度肿胀，体积变大，质地变软；腺胃大小是肌胃的3倍以上，肌胃柔软

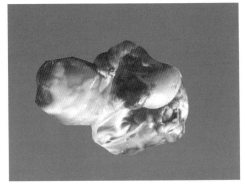

腺胃与肌胃交界处变薄，严重时穿孔

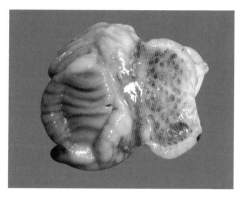

腺胃胃壁增厚，乳头凹陷、出血，腺胃与肌胃交界处出血

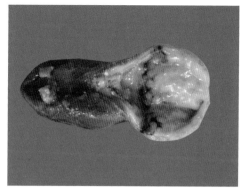

腺胃乳头水肿、出血

腺胃乳头出血、坏死、溃疡，严重时胃穿孔

腺胃胃壁变薄，乳头水肿，肌胃角质层溃疡

腺胃胃壁变薄，黏膜脱落，乳头消失，肌胃角质层易脱落

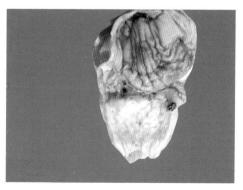

腺胃乳头水肿，腺胃与肌胃交界处出血

腺胃乳头水肿，肌胃角质层大面积溃疡

肌胃角质层出现不同程度的溃疡

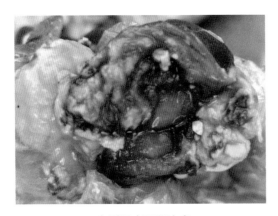

角质层大面积溃疡

1日龄雏鸡肌胃角质层溃疡，腺胃乳头水肿

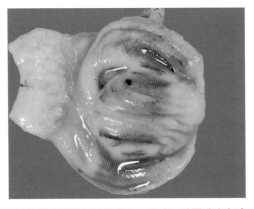

1日龄雏鸡肌胃角质层出血、溃疡，腺胃乳头水肿

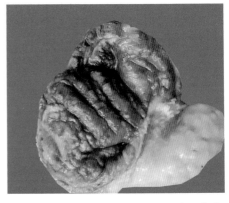

7日龄雏鸡腺胃乳头水肿，肌胃角质层皲裂、溃疡

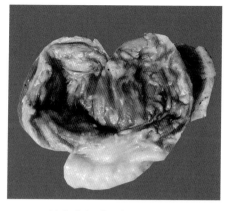

18日龄肉鸡角质层大面积溃疡、糜烂

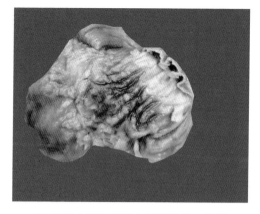

20日龄肉鸡角质层大面积溃疡、糜烂

十六、鸡肿头综合征

★概述

　　鸡肿头综合征（swollen head syndrome in chicken）是以头部高度肿胀及呼吸道症状为特征的一种急性传染病，4～7周龄的商品肉鸡和育成鸡常发病，也见于成年蛋鸡，传播迅速，2日内可波及全场各群，发病率一般为10%～50%，病死率1%～20%不等，病程为10～14 d。

★病因

　　本病病因尚未完全清楚，现在一般认为鸡首先感染禽偏肺病毒，引起鼻炎和皮肤搔伤，造成大肠杆菌感染，侵入面部皮下组织，引起肿头症状。

　　1.环境因素

　　潮湿、污浊的饲养环境加上通风不良等因素造成舍内有害细菌大量繁殖和有害气体含量严重超标，诱发肿头综合征。

　　2.疾病因素

　　禽偏肺病毒病、大肠杆菌病、慢性呼吸道病、传染性鼻炎、禽痘、禽流感等造成鸡群不同程度的肿头、肿脸，且呈传播之势。

　　3.疫苗因素及外源性感染

　　传染性喉气管炎疫苗、传染性支气管炎疫苗、新城疫疫苗等滴鼻、点眼后，引起眼睑肿胀乃至整个头部肿大，特别是喉气管炎疫苗免疫后的肿头、肿脸长时间难以消除，药物或灭活疫苗如传染性鼻炎颈部皮下注射后造成脖颈部发炎肿胀，炎症波及面部及整个头部。

4.营养因素

饲料营养不平衡，如维生素A缺乏引起的眼部或面部肿胀。

★临床症状

病初鼻窦和眶下窦及面部严重肿胀，精神沉郁，眼鼻流出分泌物，打喷嚏、咳嗽、喘鸣，爪不停地挠面部，48 h后出现典型症状，头、面部、眼睑及肉髯明显浮肿，斜颈、定向障碍，结膜炎，眼内角呈卵圆形突出，眼裂变小、闭合，严重时因眼球受到压迫而致单侧或双侧失明，下颌和颈部高度水肿造成采食及饮水困难而死亡。

★病理变化

头部周围皮下肿胀，皮下组织充满胶冻状渗出物或干酪样坏死，肉髯发绀、坏死，结膜炎，角膜溃疡等。

蛋鸡为急性卵黄性腹膜炎，腹腔内有脱落的卵黄和蛋壳碎片等。

★防治措施

1.预防

改善鸡舍养殖条件，降低饲养密度，合理通风与换气，做好常规疫苗的接种等是预防本病的重要措施。

2.治疗方案

发病后选用敏感抗微生物药饮水或拌料控制细菌病的感染，配合多种维生素电解质、蜂毒肽或转移因子、干扰素、白介素等饮水，饲料中添加清热解毒、活血化瘀、止咳平喘的中药制剂辅助治疗。

【处方1】普济消毒散

大黄、连翘、板蓝根各30 g，黄芩、薄荷、玄参、升麻、柴胡、桔梗、荆芥、青黛各25 g，黄连、马勃、陈皮各20 g，甘草15 g，牛蒡子45 g，滑石80 g。

【用法与用量】1～3 g/只。

【处方2】黄连、玄参、陈皮、桔梗各1 000 g，黄芪、板蓝根、连翘各2 000 g，马勃、牛蒡子、薄荷、僵蚕、升麻、柴胡、甘草各500 g。

【用法与用量】分4份，每天1份，水煎取汁，早晚各服一次，供3 000只鸡使用。3 d后痊愈，未复发。

【处方3】石竹散（河南省现代中兽医研究院研制）

生石膏、水牛角各12 g，知母、生地黄、牡丹皮、板蓝根、淡竹叶各9 g，甘草、连翘各7 g，大青叶11 g，黄连、金银花各6 g，人参叶5 g。

【用法与用量】0.25 ~ 1.5 g/只，1次/d，连用3 ~ 5 d。病情严重时加倍使用。

肿头肿脸，闭目嗜睡

肿头肿脸

肿头肿脸，眼盲

整个头部高度肿胀

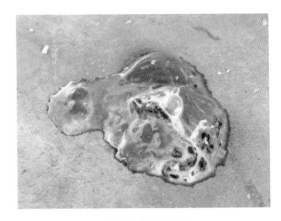

病鸡拉黄绿色粪便

十七、多病因呼吸道病

★概述

多病因呼吸道病（multicausal respiratory disease）是一种病程漫长、病因复杂的呼吸道疾病的统称。本病给养鸡业带来很大的损失。

★病因

1.呼吸道病之间的相互作用

一种或几种病毒性呼吸道病继发（或并发）一种或几种细菌性呼吸道病，且每种呼吸道病的症状互相协同或增加等引起多病因呼吸道病，病情比单一疾病感染更为严重。如慢性呼吸道病与低致病性禽流感、传染性支气管炎混合感染等。

2.免疫抑制性病原体的影响

免疫抑制性病原体如传染性法氏囊病毒、马立克病毒、传染性贫血病毒等可使鸡对呼吸道感染的易感性大大增加。免疫抑制是鸡群呼吸道疾病难以控制的重要原因。

3.养殖环境因素的影响

饲养环境恶劣，如鸡舍封闭过严，舍内通风不良，有害气体浓度过大、舍内高温且潮湿，或鸡舍干燥、灰尘多等，均会刺激气管黏膜，造成黏膜发炎而引起发病等。

4.疫苗反应

鸡对呼吸道病毒抵抗力依赖于广泛使用活的呼吸道病毒疫苗，所有的呼吸道病毒疫苗其病毒都在鸡体内复制，并引起某种程度的细胞损伤，如传染性喉气管炎、新城疫等。

5.药物使用不当

用药对症不对因；或用药偏多，顾此失彼；或所用药物对该呼吸道病无根本性治疗作用；或用药疗程不够，如用药后见好就收，未能彻底治愈病情，从而造成本病反复复发。

★流行病学

本病四季均可发生，秋冬季节多发，商品肉鸡高发，发病率20%～75%，死亡率高达30%，恶劣的养殖环境、免疫抑制性疾病的存在均会诱发本病或导致病情加重。

★诊治要点

本病肉鸡死亡率和发病率高于蛋鸡，产蛋期蛋鸡发病率呈上升趋势。

病鸡采食量下降，精神委顿，肿头，流泪，打呼噜，咳嗽或甩头；眼睑、眼球出血；产蛋率下降幅度不大，蛋壳颜色发白，薄壳蛋、砂壳蛋增加等。

气管及支气管充血、出血，内有黏液或黄白色干酪样物，干酪样物堵塞喉头等；气囊混浊、增厚，心包炎，肝周炎，气囊炎；肠道多处出血，盲肠扁桃体肿胀、出血，肝脾肿大等。

★防治措施

加强饲养管理，搞好环境卫生，严格消毒，温湿度与饲养密度适宜，适时通风换气，做好常规疫苗的接种，消除各种发病因素。发病后采取对症对因的综合治疗方案。

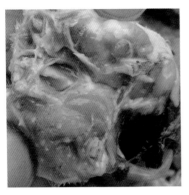

新城疫疫苗接种引起的鼻窦腔黏膜点状出血

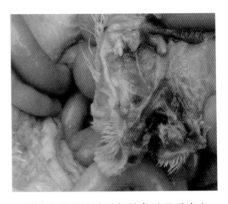

新城疫疫苗接种引起的鼻腔严重出血

新城疫疫苗接种引起的眼睑出血

新城疫疫苗接种引起的眼球出血

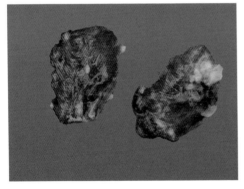

新城疫疫苗接种引起的肺脏出血、坏死

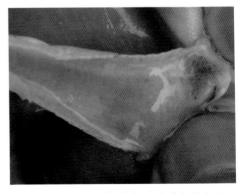

新城疫疫苗接种引起的喉头黏膜点状出血，气管黏膜出血

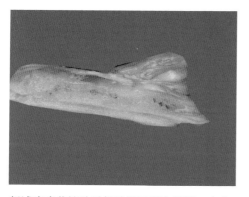

新城疫疫苗接种引起的淋巴滤泡肿胀、出血，淋巴滤泡丛呈枣核样

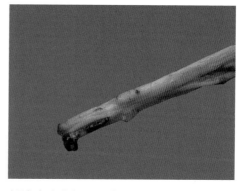

新城疫疫苗接种引起的盲肠扁桃体肿胀、出血

新城疫疫苗接种引起的胸腺肿大、出血，法氏囊水肿

大肠杆菌病、慢性呼吸道病、传染性支气管炎与禽流感混合感染：双侧支气管空心塞

大肠杆菌病、慢性呼吸道病、传染性支气管炎与禽流感混合感染：双侧支气管实心塞

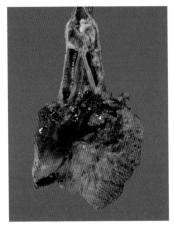

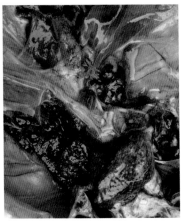

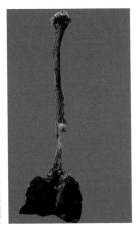

大肠杆菌病、慢性呼吸道病、传染性支气管炎与禽流感混合感染：单侧支气管堵塞

大肠杆菌病、慢性呼吸道病、传染性支气管炎与禽流感混合感染：黑心肺

大肠杆菌病、慢性呼吸道病、传染性支气管炎与禽流感混合感染：黑心肺，喉头气管出血

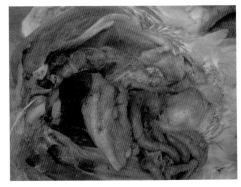

禽流感与大肠杆菌病混合感染：面部肿胀

禽流感与大肠杆菌病混合感染：肝脏出血，气囊混浊，囊腔附有黄色干酪样物等

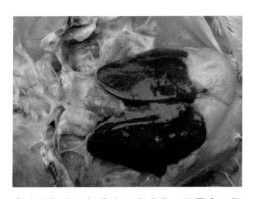

禽流感与大肠杆菌病混合感染：肝周炎，肝脏出血，气囊混浊

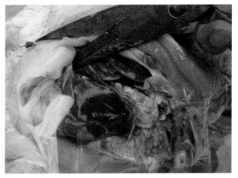

禽流感与大肠杆菌病混合感染：气囊炎、肝周炎

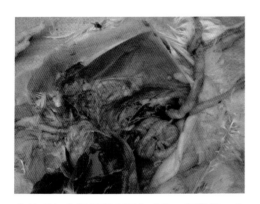

禽流感与大肠杆菌病混合感染：气囊炎、心包炎

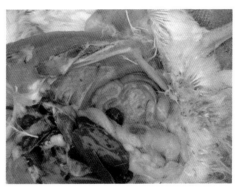

禽流感与大肠杆菌病混合感染：气囊混浊，囊腔附有黄色干酪样物

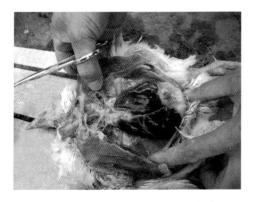

禽流感与大肠杆菌病混合感染：心包炎、肝周炎、气囊炎

禽流感与大肠杆菌病混合感染：气管内有黄色果冻样物

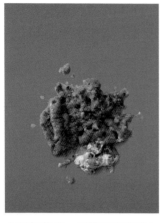

大肠杆菌病、慢性呼吸道病与传染性鼻炎混合感染：病鸡拉黄白色料粪，混有脱落的黏膜组织

大肠杆菌病、慢性呼吸道病与传染性鼻炎混合感染：眶下窦肿胀

大肠杆菌病、慢性呼吸道病与传染性鼻炎混合感染：眶下窦高度肿胀

大肠杆菌病、慢性呼吸道病与传染性鼻炎混合感染：单侧眶下窦肿胀

大肠杆菌病、慢性呼吸道病与传染性鼻炎混合感染：眶下窦肿胀、眼盲

大肠杆菌病、慢性呼吸道病与传染性鼻炎混合感染：眶下窦肿胀，局部皮肤呈紫黑色

大肠杆菌病、慢性呼吸道病与传染性鼻炎混合感染：双侧眶下窦肿胀

大肠杆菌病、慢性呼吸道病与传染性鼻炎混合感染：眶下窦囊肿，局部皮肤变薄，眼球受到压迫外移，致使眼盲

大肠杆菌病、慢性呼吸道病与传染性鼻炎混合感染：眶下窦肿胀，局部皮肤呈紫黑色

大肠杆菌病、慢性呼吸道病与传染性鼻炎混合感染：双侧眶下窦肿胀、眼盲

大肠杆菌病、慢性呼吸道病与传染性鼻炎混合感染：眶下窦肿胀、眼盲

大肠杆菌病、慢性呼吸道病与传染性鼻炎混合感染：眶下窦和下颌肿胀，上下喙无法闭合

大肠杆菌病、慢性呼吸道病与传染性鼻炎混合感染：剥离肿胀部位皮肤可见出血斑点

大肠杆菌病、慢性呼吸道病与传染性鼻炎混合感染：眼底有出血斑

大肠杆菌病、慢性呼吸道病与传染性鼻炎混合感染：剥离肿胀的眶下窦皮肤，可见如鹌鹑蛋大小的黄白色囊肿

大肠杆菌病、慢性呼吸道病与传染性鼻炎混合感染：剥离出的肿胀物大小不一，呈黄白色

大肠杆菌病、慢性呼吸道病与传染性鼻炎混合感染：口腔黏膜形成类似肿瘤增生物

大肠杆菌病、慢性呼吸道病与传染性鼻炎混合感染：喉头周围形成类似肿瘤增生物，致使管腔变窄

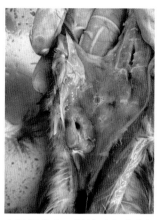

大肠杆菌病、慢性呼吸道病与传染性鼻炎混合感染：喉头周围形成类似肿瘤增生物，致使管腔变窄，口腔黏膜表面有大量黏液

大肠杆菌病、慢性呼吸道病与传染性鼻炎混合感染：剪开肿胀部位，内容物为淡黄色豆腐渣样，气管腔内积有黏液、血凝块

大肠杆菌病、慢性呼吸道病与传染性鼻炎混合感染：剪开肿胀部位，内容物为淡黄色豆腐渣样，填满整个腔隙

大肠杆菌病、慢性呼吸道病与传染性鼻炎混合感染：剪开肿胀部位，内容物为淡黄色豆腐渣样，填满整个腔隙

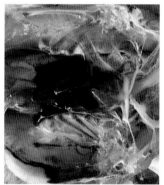

大肠杆菌病、慢性呼吸道病与传染性鼻炎混合感染：气囊囊壁附有黄色干酪样物

慢性呼吸道病与大肠杆菌病混合感染：眶下窦肿胀，眼睛内有气泡

慢性呼吸道病与大肠杆菌病混
合感染：眶下窦肿胀，眼睛内
有气泡

慢性呼吸道病与大肠杆菌病混
合感染：眼盲，有白色脓性分
泌物

慢性呼吸道病与大肠杆菌病混合感染：关节
红肿，运动障碍

慢性呼吸道病与大肠杆菌病混合感染：眶下
窦内有豆腐渣样干酪样物

慢性呼吸道病与大肠杆菌病混合感染：
眶下窦肿胀、增生、出血

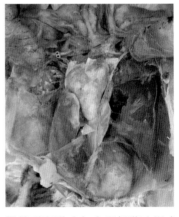

慢性呼吸道病与大肠杆菌病混合
感染：气囊坏死、肝周炎、心包炎

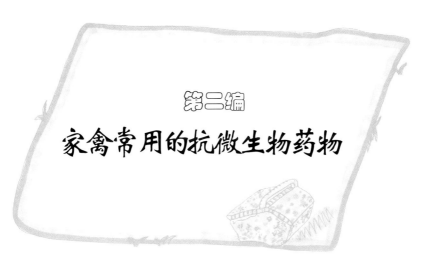

第二编
家禽常用的抗微生物药物

第一章
抗 生 素

抗生素曾称为抗菌素，主要是由微生物产生的，以低微浓度能选择性抑制或杀灭病原体的代谢产物和次级代谢产物。根据其抗菌范围或作用对象（抗菌谱）及应用范围，主要分为下列几类：

（1）主要作用于革兰氏阳性菌的抗生素：青霉素类、头孢菌素类、β-内酰胺酶抑制剂、林可胺类、大环内酯类、杆菌肽等。

（2）主要作用于革兰氏阴性菌的抗生素：氨基糖苷类、多黏菌素等。

（3）主要作用于支原体的抗生素：大环内酯类、截短侧耳素类等。

（4）广谱抗生素：四环素类、酰胺醇类，不仅对革兰氏阳性菌、革兰氏阴性菌有作用，而且对某些支原体、螺旋体、衣原体和立克次体亦有作用。

（5）抗真菌抗生素：灰黄霉素、制霉菌素、两性霉素B等。

（6）抗寄生虫抗生素：越霉素A、伊维菌素、盐霉素、莫能菌素、马杜霉

素等。

上述分类是相对的，如主要作用于革兰氏阴性菌的链霉素对支原体亦有作用，主要作用于支原体的北里霉素对革兰氏阳性菌亦有较强的作用。某些抗生素如泰妙菌素、泰乐菌素、离子载体类等为动物专用的抗生素。

一、青霉素类

本类抗生素在化学结构上属 β-内酰胺类抗生素，其作用机制是抑制细菌细胞壁的合成，使细菌细胞壁缺损而失去屏障保护作用，引起菌体膨胀、变形，最后破裂、溶解、死亡。主要影响正在繁殖的细菌细胞，故也称为繁殖期杀菌剂。常用的有氨苄西林、阿莫西林和羧苄青霉素等。

1.青霉素G Penicillin G

【适应证】主要用于革兰氏阳性菌感染，如家禽链球菌病、葡萄球菌病、禽霍乱、霉形体病。

【用法与用量】肌内注射：一次量，禽5万u，2～3次/d，连用2～3 d。

【药物相互作用】本品与四环素类、酰胺醇类、大环内酯类联用呈拮抗作用，临床不宜联合应用。

2.氨苄西林（氨苄青霉素）Ampicillin

【适应证】主要用于敏感菌引起的败血症，呼吸道、消化道及泌尿生殖道感染，如治疗鸡白痢、禽伤寒、禽霍乱、支气管炎、输卵管炎、大肠杆菌病等。

【用法与用量】

混饮：每1 L水，鸡60 mg，连用3～5 d。

内服：一次量，每1 kg体重，鸡5～20 mg，2次/d。

【药物相互作用】本品与庆大霉素等氨基糖苷类抗生素联用疗效增强。

3.阿莫西林（羟氨苄青霉素）Amoxicillin

【适应证】用于敏感菌所致的呼吸道、消化道、泌尿生殖道及软组织等全身感染，对肺部细菌感染有较好疗效，如治疗禽伤寒、禽霍乱、鸡白痢、肺炎、支气管炎、输卵管炎、大肠杆菌病等。

【用法与用量】

混饮：每1 L水，鸡60 mg（以阿莫西林计），连用3～5 d。

内服：一次量，每1 kg体重，鸡20～30 mg，2次/d，连用5 d。

4.海他西林（缩酮氨苄青霉素）Hetacillin

【适应证】同氨苄西林。

【用法与用量】内服：一次量，每1 kg体重，鸡5～10 mg，1～2次/d。

5.美西林 Mecillinam

【适应证】用于肠杆菌属及克雷伯菌属等敏感菌所致的急慢性单纯和复杂性尿路感染，以及由此引起的败血症。与其他青霉素或头孢菌素联用可起协同作用，联合治疗阴性杆菌所致的败血症、脑膜炎、心内膜炎、骨髓炎、下呼吸道感染、腹腔感染及皮肤感染等。

【用法与用量】静脉注射或深部肌内注射：一日量，鸡0.11 g，分2次应用。

【药物相互作用】单独应用杀菌作用不强，若与β-内酰胺类（其他青霉素、头孢菌素）药物联用，可明显提高杀菌作用。

二、头孢菌素类

头孢菌素类作用机制、临床应用与青霉素类相似。本类药具有抗菌谱广，对酸和β-内酰胺酶较青霉素类稳定，毒性小等优点。

1.噻孢霉素（头孢菌素Ⅰ、头孢噻吩）Cephalothin（Cefalothin）

【适应证】本品抗菌谱广。对革兰氏阳性菌作用强，钩端螺旋体敏感，主要用于治疗耐药金黄色葡萄球菌及部分革兰氏阴性杆菌（如大肠杆菌、沙门杆菌、巴氏杆菌等）引起的严重感染，如肺部感染、尿路感染、败血症、脑膜炎、腹膜炎及心内膜炎等。

【用法与用量】肌内注射：一次量，每1 kg体重，家禽10 mg，4次/d。

2.头孢氨苄（先锋霉素Ⅳ）Cefalexin

【适应证】主要用于金黄色葡萄球菌（包括耐青霉素G菌株）、溶血性链球菌、肺炎球菌、大肠杆菌、肺炎杆菌、变形杆菌、克雷伯菌、志贺菌等敏感菌所致的呼吸道、泌尿生殖道、软组织等部位的感染。

【用法与用量】内服：一次量，每1 kg体重，家禽及鸟35～50 mg，4次/d。

3.头孢噻呋 Ceftiofur

【适应证】本品是动物专用的第三代头孢菌素类抗生素，抗菌谱广，对革兰氏阳性菌、革兰氏阴性菌及厌氧菌有强大的抗菌活性，用于敏感菌如巴氏杆菌、放线杆菌、嗜血杆菌、沙门杆菌、大肠杆菌、链球菌、葡萄球菌等引起的呼吸道、泌尿生殖道感染，多用于防治雏鸡细菌病，如大肠杆菌病、沙门杆菌病等。

【用法与用量】皮下注射：1日龄雏鸡，每只0.1 mg。

4.头孢喹肟（头孢喹诺）Cefquinome

【适应证】本品是动物专用的头孢菌素类抗生素，抗菌谱广，抗菌活性强，对革兰氏阳性菌、革兰氏阴性菌有强大的抗菌活性，用于敏感菌如溶血性或多杀性巴氏杆菌、沙门杆菌、大肠杆菌、链球菌、葡萄球菌、梭菌属等敏感菌引起的感染，多用于治疗雏鸡细菌病，如大肠杆菌病、沙门杆菌病。

【用法与用量】肌内注射：每1 kg体重，家禽2.6 mg，连用2～3次。

三、β–内酰胺酶抑制剂

β–内酰胺酶抑制剂（β–lactamase inhibitors）是一类能与革兰氏阳性菌和革兰氏阴性菌所产生的β–内酰胺酶发生结合而抑制酶活性的药物。目前临床上常用的抑制剂有舒巴坦、克拉维酸和他唑巴坦。

1.舒巴坦 Sulbactam

【适应证】常与青霉素类及头孢菌素类联用治疗产β–内酰胺酶的耐药菌株所致的呼吸道、消化道、泌尿生殖道、皮肤软组织感染以及败血症等。

【用法与用量】
内服：一次量，每1 kg体重，家禽5～20 mg，1～2次/d。
混饮：每1 L水，50～100 mg。
混饲：每1 000 g饲料100 mg，连用3～5 d。

2.克拉维酸 Clavulanic Acid

【适应证】本品单独应用无效。常与青霉素类药物联合用于敏感菌所致的动物呼吸道和泌尿道感染。对伤寒、副伤寒等有较好疗效。

【用法与用量】参考舒巴坦。

3.他唑巴坦 Tazobactam

本品适应证及用法与用量请参考舒巴坦。

四、氨基糖苷类

氨基糖苷类是兽医上常用的一类重要抗生素，作用机制相似，均是抑制细菌蛋白质合成，使细菌合成异常的蛋白质而死亡。对静止期细菌杀菌作用较强。主要对革兰氏阴性需氧菌如大肠杆菌、沙门杆菌属、肺炎杆菌、肠杆菌属、变形杆菌属等作用较强。与头孢菌素类联用时，肾毒性增强；与碱性药物（如碳酸氢钠、氨茶碱等）联用，抗菌效能可增强，但毒性也相应增强，必须慎用。

1.链霉素 Streptomycin

【适应证】用于治疗结核杆菌及革兰氏阴性菌如大肠杆菌、沙门杆菌、巴氏杆菌、志贺痢疾杆菌、布氏杆菌、肺炎杆菌、痢疾杆菌、产气杆菌、鼻疽杆菌等敏感菌引起的感染，如大肠杆菌病、禽霍乱等。

【用法与用量】

混饮：每1 L水，家禽200～300 mg。

肌内注射：一次量，成年家禽100～200 mg/只，雏鸡、仔鸡20～50 mg/只，2次/d。

2.庆大霉素 Gentamicin

【适应证】本品抗菌谱广、抗菌活性强，主要用于金黄色葡萄球菌、绿脓杆菌、大肠杆菌、肺炎杆菌、沙门杆菌、变形杆菌、痢疾杆菌和其他敏感菌所引起的败血症、呼吸道感染及泌尿生殖道感染等。

【用法与用量】

混饮：每1 L水，鸡100 mg，连用3～5 d。

肌内或静脉注射：一次量，每1 kg体重，家禽3 mg，3次/d。

3.卡那霉素 Kanamycin

【适应证】用于多数革兰氏阴性菌如大肠杆菌、沙门杆菌、肺炎杆菌、变形杆菌、巴氏杆菌和部分耐药金黄色葡萄球菌等敏感菌所引起的败血症及呼吸道、泌尿生殖道感染等。内服用于肠道感染，如鸡白痢、禽伤寒、禽副伤寒、禽霍乱、大肠杆菌病、慢性呼吸道病等。

【用法与用量】

混饲：每1 000 kg饲料，家禽150～250 g。

混饮：每1 L水，鸡60～120 mg。

内服：一次量，每1 kg体重，禽20～40 mg。

肌内注射：一次量，每1 kg体重，鸡10～30 mg，2次/d。

4.新霉素 Neomycin

【适应证】 本品对葡萄球菌、大肠杆菌、变形杆菌、沙门杆菌、副嗜血杆菌等敏感菌有较强作用，用于敏感菌所致的胃肠道感染，防治鸡白痢、禽伤寒、禽副伤寒、大肠杆菌病及传染性鼻炎。

【用法与用量】

混饲：每1 000 kg饲料，鸡70～140 g。

混饮：每1 L水，鸡50～75 mg，连用3～5 d。

气雾：鸡1 g/m^3，吸入1.5 h。

5.丁胺卡那霉素（阿米卡星）Amikacin

【适应证】本品抗菌谱与庆大霉素相似，主要用于对庆大霉素或卡那霉素耐药的革兰氏阴性菌引起的下呼吸道、泌尿生殖道、腹腔等部位的感染及腹膜炎、败血症等。

【用法与用量】肌内注射：一次量，每1 kg体重，鸡10～30 mg，2次/d。

6.妥布霉素 Tobramycin

【适应证】本品对革兰氏阴性菌、革兰氏阳性菌有较好的抗菌作用，临床主要单用或与其他抗生素联用治疗革兰氏阳性菌和革兰氏阴性菌等敏感菌所致的败血症和呼吸道、泌尿生殖道、胆囊胆道及皮肤软组织感染等。

【用法与用量】肌内注射：一次量，每1 kg体重，禽3～5 mg，1次/d。

7.大观霉素（壮观霉素）Spectinomycin（Actinospectacin）

【适应证】用于治疗支原体及革兰氏阴性菌、革兰氏阳性菌如葡萄球菌、链球菌、大肠杆菌、沙门杆菌、巴氏杆菌等敏感菌引起的感染，如治疗禽大肠杆菌病、沙门杆菌病、禽霍乱、慢性呼吸道病、传染性滑液囊炎等。

【用法与用量】

混饮：每1 L水，鸡0.5～1 g，连用3～5 d；5～7日龄雏鸡0.25～0.4 g，连用3～5 d。

内服：一次量，雏鸡（1～3日龄）5 mg/只，育成鸡20～80 mg/只，成鸡100 mg/只。

肌内注射：一次量，每1 kg体重，禽30 mg，1次/d。

8.安普霉素 Apramycin

【适应证】用于治疗革兰氏阴性菌如大肠杆菌、沙门杆菌、变形杆菌、巴氏杆菌及部分革兰氏阳性菌如链球菌、葡萄球菌和支原体引起的感染，如禽大肠杆菌病、沙门杆菌病及支原体病。

【用法与用量】混饮：每1 L水，鸡0.25 ~ 0.5g（以安普霉素计），连用5 d。

9.庆大小诺霉素 Gentamycin Micronomicin

【适应证】参考庆大霉素。

【用法与用量】肌内注射：一次量，每1 kg体重，禽2 ~ 4 mg，2次/d。

10.盐酸大观霉素盐酸林可霉素可溶性粉

【适应证】用于治疗革兰氏阴性菌、革兰氏阳性菌及支原体感染。

【用法与用量】混饮：每1 L水，禽0.5 ~ 0.8 g，连用3 ~ 5 d。

【规格】

5 g：大观霉素2 g（200万u）与林可霉素1 g（以林可霉素计）。

50 g：大观霉素20 g（2 000万u）与林可霉素10 g（以林可霉素计）。

100 g：大观霉素40 g（4 000万u）与林可霉素20 g（以林可霉素计）。

五、四环素类

四环素类抗菌作用机制系抑制细菌蛋白质的合成，近年来细菌对本类药的耐药性比较严重。本类药物为酸碱两性化合物，在酸性溶液中较稳定，在碱性溶液中易降解。临床常用其盐酸盐，易溶于水。

1.土霉素 Oxytetramycin

【适应证】本品为广谱抗生素，对革兰氏阴性菌、革兰氏阳性菌、支原体等有抑制作用，多用于治疗鸡白痢、大肠杆菌病、禽霍乱、慢性呼吸道病等。

【用法与用量】

混饲：每1 kg饲料（以土霉素计），鸡0.1 ~ 0.3 g。

混饮：每1 L水，家禽150 ~ 250 mg，连用3 ~ 5 d。

内服：一次量，每1 kg体重，家禽25 ~ 50 mg，2 ~ 3次/d。

2.四环素 Tetracycline

【适应证】用于治疗某些革兰氏阴性菌、革兰氏阳性菌及支原体引起的感染，如禽大肠杆菌病、沙门杆菌病、禽霍乱、慢性呼吸道病等。

【用法与用量】禽混饮及混饲用量同土霉素。

3.金霉素 Aureomycin

【适应证】本品抗菌作用与四环素相似，对革兰氏阳性菌和葡萄球菌的效果最强，多用于治疗鸡慢性呼吸道病、大肠杆菌病、火鸡传染性鼻窦炎、滑膜炎、禽霍乱等。

【用法与用量】

混饮：每1 L水，鸡0.2 ~ 0.4 g。

混饲：每1 000 kg饲料，家禽100 ~ 200 g，连用7 d。

4.多西环素 Doxycycline

【适应证】本品抗菌作用与土霉素相似，作用强2 ~ 10倍，用于治疗禽类的慢性呼吸道病、大肠杆菌病、沙门杆菌病和鹦鹉热等，对禽的细菌与支原体混合感染亦有较好疗效。

【用法与用量】

混饲：每1 000kg饲料，家禽100 ~ 200 g。

混饮：每1 L水，家禽50 ~ 100 mg，连用3 ~ 5 d。

内服：一次量，每1 kg体重，禽15 ~ 25 mg，1次/d，连用3 ~ 5 d。

肌内注射：一次量，每1 kg体重，禽10 mg，1次/d。

5.米诺环素 Minocycline Hydrochloride

【适应证】本品是一种高效、速效、长效的新半合成四环素，抗菌谱与四环素相似，对感染组织和部位穿透力强，组织浓度最高，与其他四环素类药物相比抗菌谱更广、作用更强。主要用于治疗革兰氏阳性菌和革兰氏阴性菌、需氧菌和厌氧菌引起的感染，有很强的抗菌作用。

【用法与用量】

混饲：每1 000 kg饲料，家禽100 ~ 200 g。

混饮：每1 L水，家禽50 ~ 100 mg。

内服：一次量，每1 kg体重，禽10 ~ 20 mg，1次/d。

六、大环内酯类

1.红霉素 Erythromycin

【适应证】本品抗菌谱与苄青霉素相似，主要用于治疗耐药金黄色葡萄球菌感染，也可用于多杀性巴氏杆菌、肺炎球菌、链球菌、炭疽杆菌、支原体等感染所致的疾病。

【用法与用量】

混饮：每1 L水，禽100 mg，连用3～5 d。

静脉注射（乳糖酸盐）：一次量，每1 kg体重，禽20 mg，2次/d。

肌内注射（硫氰酸盐）：一次量，每1 kg体重，禽20～30 mg，2次/d。

2.泰乐菌素 Tylosin

【适应证】本品为动物专用抗生素，对支原体作用强大，用于治疗支原体、革兰氏阳性菌所致的感染，如禽支原体病、坏死性肠炎、禽霍乱等。

【用法与用量】

混饮：每1 L水，禽500 mg（以泰乐菌素计），连用3～5 d。

混饲：每1 000 kg饲料，鸡300～600 g（以磷酸泰乐菌素计）。

皮下或肌内注射：一次量，每1 kg体重，禽5～13 mg（以酒石酸泰乐菌素计）。

3.吉他霉素 Kitasamycin

【适应证】本品抗菌谱与红霉素相似，主要用于防治禽类支原体及革兰氏阳性菌（包括耐药金黄色葡萄球菌、链球菌）等感染，如禽慢性呼吸道病、各种肠炎等。

【用法与用量】

混饮：每1 L水，禽250～500 mg，连用3～5 d。

混饲：每1 000 kg饲料，100～300 g，连用5～7 d。

内服：一次量，每1 kg体重，禽25～50 mg，2次/d，连用3～5 d。

肌内或皮下注射：一次量，每1 kg体重，鸡25～50 mg，1次/d。

4.替米考星 Tilmicosin

【适应证】本品用于对革兰氏阳性菌、某些革兰氏阴性菌如巴氏杆菌、鸡

败血支原体等敏感菌引起的感染，如禽慢性呼吸道病、禽霍乱等。

【用法与用量】混饮：每1 L水，鸡75 mg（以替米考星计），连用5 d。

5.泰万菌素 Tylvalosin

【适应证】属于大环内酯类动物专用抗生素，用于治疗禽支原体及其他敏感菌感染。

【用法与用量】

混饮：每1 L水，鸡200～300 mg，连用3～5 d。

混饲：每1 000 kg饲料，鸡100～300 g，连用7 d。

6.泰拉霉素 Tulathromycin

【适应证】用于治疗禽支原体、巴氏杆菌及其他敏感菌所致的感染，如慢性呼吸道病、禽霍乱。

【用法与用量】参考泰乐菌素。

七、林可胺类

1.林可霉素 Lincomycin

【适应证】本品主要对革兰氏阳性菌、某些厌氧菌和支原体有较强的抗菌作用，抗菌谱较红霉素窄。主要用于治疗革兰氏阳性菌特别是耐青霉素、红霉素的革兰氏阳性菌所引起的各种感染，如支原体引起的家禽慢性呼吸道病，厌氧菌感染如鸡的坏死性肠炎等。

【用法与用量】混饮：每1 L水，鸡100～150 mg。

2.盐酸林可霉素硫酸大观霉素可溶性粉

【适应证】用于防治鸡沙门杆菌病、大肠杆菌性肠炎、支原体引起的家禽慢性呼吸道病等。

【用法与用量】混饮：每1 L水，1～4周龄鸡150 mg，4周龄以上鸡75 mg。

【规格】

30 g：林可霉素6.7 g（670万u）与大观霉素13.3 g（1 330万u）。

150 g：林可霉素33.3 g（3 330万u）与大观霉素66.7 g（6 670万u）。

八、多 肽 类

多黏菌素E Polymyxin E

【适应证】防治鸡大肠杆菌、沙门杆菌等革兰氏阴性菌引起的肠道感染，也用于绿脓杆菌感染，常与新霉素、杆菌肽联用。

【用法与用量】以黏菌素计。

混饮：每1 L水，鸡50～60 mg。

混饲：每1 000 kg饲料，鸡50～80 g。

内服：一次量，每1 kg体重，禽3万～8万u，1～2次/d。

九、酰胺醇类

酰胺醇类包括氯霉素、甲砜霉素及氟苯尼考，主要通过抑制细菌蛋白质的合成而产生抑杀作用，属于快效抑菌药，对革兰氏阳性菌、革兰氏阴性菌有作用，而且对放线菌、钩端螺旋体、某些支原体、部分衣原体和立克次体等作用较强。

1.甲砜霉素 Thiamphenicol

【适应证】用于治疗沙门杆菌、大肠杆菌及巴氏杆菌等引起的肠道、呼吸道及泌尿生殖道等感染，如禽大肠杆菌病、沙门杆菌病、禽支原体病、禽霍乱、传染性浆膜炎等。

【用法与用量】

混饮：每1 L水，鸡50 mg，连用3～5 d。

混饲：每1 000 kg饲料，禽200～300 g。

内服：一次量，每1 kg体重，禽5～10 mg，2次/d，连用2～3 d。

2.氟苯尼考 Florfenicol

【适应证】 本品属动物专用的广谱抗生素，对多数革兰氏阴性菌和革兰氏阳性菌、某些支原体及某些对氯霉素、甲砜霉素、土霉素、磺胺类药物或氨苄西林耐药的菌株都有效，用于治疗禽敏感菌所致的感染，如禽大肠杆菌病、沙门杆菌病、禽支原体病、禽霍乱、传染性浆膜炎等。

【用法与用量】

混饮：每1 L水，鸡100～200 mg，连用3～5 d。

混饲：每1 000 kg饲料，禽200～300 g。

内服：一次量，每1 kg体重，禽20~30 mg，2次/d，连用3~5 d。

肌内注射：一次量，每1 kg体重，禽20 mg，每隔48 h 1次，连用2次。

十、主要作用于支原体的抗生素

截短侧耳素类（pleuromutilin）是一类主要对支原体有强大抑制作用的抗生素，但其对其他病原体亦有一定的抗菌活性，主要包括泰妙菌素和沃尼妙林。

1.泰妙菌素 Tiamulin

【适应证】 本品属于截短侧耳素类抗生素，抗菌谱与大环内酯类抗生素相似，抗菌机制是与细菌核糖体50S亚基结合而抑制蛋白质合成。用于防治鸡的慢性呼吸道病、滑液囊支原体感染、葡萄球菌病、链球菌病。

【用法与用量】以延胡索酸泰妙菌素计。

混饲：每1 000 kg饲料，鸡400 g，连用3~5 d。

混饮：每1 L水，鸡125~250 mg，连用3 d。

2.沃尼妙林 Valnemulin

【适应证】本品为新一代截短侧耳素类半合成抗生素，属二萜烯类，与泰妙菌素属同一类药物，是动物专用抗生素，作用机制是在核糖体水平上抑制细菌蛋白质的合成，低浓度抑菌，高浓度杀菌，抗菌谱广，对革兰氏阳性菌和革兰氏阴性菌有效，对支原体属和螺旋体属高度有效。用于防治禽的细菌性肠道病和呼吸道病，如慢性呼吸道病。

【用法与用量】混饲：每1 000kg饲料，鸡200~500 g。

【药物相互作用】常与金霉素、多西环素配伍使用，呈现协同作用。

第二章
合成抗菌药

一、磺 胺 类

磺胺药是兽医上较常用的一类合成抗感染药物，具有抗病原体范围广、化学性质稳定、使用方便、易于生产等优点。磺胺药与抗菌增效剂如甲氧苄啶或奥美普林等联用，抗菌范围扩大，疗效明显增强。本类药物为广谱抑菌药，对大多数革兰氏阳性菌和革兰氏阴性菌均有效，主要通过干扰细菌的叶酸代谢而抑制细菌的生长繁殖。

1.磺胺嘧啶 Sulfadiazine

【适应证】临床常与抗菌增效剂（TMP）5∶1配伍，用于治疗敏感菌引起的脑部、呼吸道及消化道感染，如链球菌病、金黄色葡萄球菌病、禽霍乱、大肠杆菌病、鸡白痢、禽伤寒、禽副伤寒、李氏杆菌病和球虫感染等。

【用法与用量】

混饮：每1 L水，禽1 000 mg。

混饲：每1 000 kg饲料，禽2 000 g。

内服：一次量，每1 kg体重，禽0.07～0.14 g。

2.磺胺噻唑 Sulfathiazole

【适应证】 用于敏感菌所致的肺炎、出血性败血症、子宫内膜炎及禽霍乱、雏白痢等。

【用法与用量】混饲：每1 000 kg饲料，磺胺噻唑250 g、磺胺二甲氧嘧啶250 g，连用3 d。

3.磺胺甲噁唑 Sulfamethoxazole

【适应证】本品抗菌作用与磺胺间甲氧嘧啶相似或略弱，但强于其他磺胺药，与增效剂连用后，其抗菌作用增强数倍至数十倍，并具有杀菌作用，疗效近似四环素和氨苄西林。主要用于敏感菌引起的呼吸道、泌尿生殖道和消化道感染，亦可用于球虫病。

【用法与用量】

混饮：每1 L水，禽600 ~ 800 mg。

混饲：每1 000 kg饲料，禽1 000 ~ 2 000 g。

4.磺胺二甲嘧啶 Sulfadimidine

【适应证】用于治疗敏感菌引起的呼吸道、消化道和泌尿生殖道感染及葡萄球菌病、链球菌病、禽霍乱、鸡白痢、传染性鼻炎、住白细胞原虫病及球虫病等。

【用法与用量】

混饲：每1 000 kg饲料，禽2 000 g。

内服：一次量，每1 kg体重，禽0.07 ~ 0.14 g。

5.磺胺间甲氧嘧啶 Sulfamonomethoxine

【适应证】本品体外抗菌作用在本类药中最强，除对大多数革兰氏阳性菌和革兰氏阴性菌有抑制作用外，对球虫、住白细胞原虫等亦有较强作用。用于治疗革兰氏阴性菌、革兰氏阳性菌，厌氧菌等敏感菌所引起的各种感染，如肺炎、菌痢、肠炎及泌尿生殖道感染，临床用于球虫病、沙门杆菌病、传染性鼻炎、鸡住白细胞原虫病等病的治疗。

【用法与用量】

混饮：每1 L水，禽250 ~ 1 000 mg。

混饲：每1 000 kg饲料，禽1 000 ~ 2 000 g；预防量减半。

内服：一次量，每1 kg体重，禽0.05 ~ 0.1 g，1 ~ 2次/d。

6.磺胺对甲氧嘧啶 Sulfamethoxydiazine

【适应证】本品抗菌范围广、抗菌作用较磺胺间甲氧嘧啶弱，但副作用小，乙酰化率低，且溶解度高，对泌尿生殖道感染疗效较好。用于敏感菌引起的泌尿生殖道、呼吸道及皮肤软组织等感染，也用于肠道细菌性感染和球虫病等。

【用法与用量】

混饮：每1 L水，禽250 ~ 1 000 mg。

混饲：每1 000 kg饲料，禽1 000 ~ 2 000 g；预防量减半。

内服：一次量，每1 kg体重，禽0.05 ~ 0.1 g，1 ~ 2次/d。

7.磺胺邻二甲氧嘧啶 Sulfadimoxine

【适应证】本品为长效磺胺，主要用于防治禽霍乱、传染性鼻炎、球虫病、鸡卡氏住白细胞原虫病，也可用于治疗其他敏感菌所引起的呼吸道、泌尿生殖道感染及菌痢等。

【用法与用量】

混饮：每1 L水，禽250 ~ 500 mg。

混饲：每1 000 kg饲料，禽500 ~ 1 000 g。

内服：一次量，每1 kg体重，禽首次量0.05 ~ 0.1 g，维持量0.025 ~ 0.5 g，1次/d。

8.磺胺氯达嗪 Sulfachlorpyridazine

【适应证】本品抗菌谱与磺胺间甲氧嘧啶相似，但抗菌作用略弱于磺胺间甲氧嘧啶，本品肌内注射给药吸收迅速，30 min 即能达血药峰浓度。主要用于治疗鸡大肠杆菌和巴氏杆菌感染等。

【用法与用量】

混饮：每1 L水，禽300 mg。

内服：一次量，每1 kg体重，首次量50 ~ 100 mg，维持量25 ~ 50 mg，1 ~ 2次/d，连用3 ~ 5 d。

9.磺胺甲氧嗪 Sulfamethoxypyridazine

【适应证】本品抗菌谱同其他磺胺药，抗菌作用较SD弱，内服吸收缓慢，排泄较慢，作用维持时间较长。用于治疗家禽的大肠杆菌性败血症、伤寒及霍乱等。

【用法与用量】

混饮：每1 L水，禽500 mg。

混饲：每1000 kg饲料，禽1 000 g。

10.磺胺脒 Sulfaguanidine

【适应证】本品内服吸收少，能在肠内保持较高浓度，主要用于家禽肠炎、下痢等肠道细菌性感染。

【用法与用量】混饲：每1 000 kg饲料，禽2 000 ~ 4 000 g。

二、二氨基嘧啶类（抗菌增效剂）

本品为合成广谱抑菌药物，抗菌谱与磺胺药相似，作用机制系抑制细菌的二氢叶酸还原酶，使二氢叶酸不能还原为四氢叶酸，从而阻碍细菌蛋白质和核酸的生物合成。当其与磺胺药合用时可分别阻断细菌叶酸代谢的两个不同环节（双重阻断作用），使磺胺药的抗菌范围扩大，抗菌作用增强数倍至数十倍，还可延缓细菌产生耐药性。本类药还对一些抗生素如四环素、青霉素、红霉素、庆大霉素等有一定的增效作用，但本类药单独应用时，细菌易产生耐药性，故临床一般不单独使用，国内常用的是甲氧苄啶和二甲氧苄啶。

1.甲氧苄啶 Trimethoprime

【适应证】 常以1：5与磺胺药配伍，其复方制剂主要用于治疗禽大肠杆菌性败血症、鸡白痢、禽伤寒、禽霍乱、传染性鼻炎、球虫病、住白细胞原虫病及呼吸道继发性细菌感染。

【用法与用量】

混饮：每1 L水，禽120 ~ 200 mg。

混饲：按本药和磺胺药二者总量计，每1 000 kg饲料，禽200 ~ 400 g。

内服：一次量，每1 kg体重，禽0.02 g，2次/d。

2.二甲氧苄啶 Diaveridine

【适应证】本品抗菌作用和抗菌范围与TMP相似，在消化道内保持较高的浓度，故用作肠道抗菌增效剂较TMP好，多与磺胺药（如磺胺喹啉、磺胺甲唑、磺胺间甲氧嘧啶、磺胺对甲氧嘧啶等）1：5配合应用。主要用于防治鸡球虫病、鸡白痢、禽霍乱等。

【用法与用量】按两种药物总量计。

混饲：每1 000 kg饲料，禽200 g。

内服：一次量，每1 kg体重，禽20 ~ 25 mg，2次/d。

3.奥美普林 Ormetoprim

【适应证】本品常与磺胺二甲氧嘧啶合用（奥美普林与磺胺二甲氧嘧啶按3：5的比例混合使用），用于防治鸡球虫病、鸡传染性鼻炎、大肠杆菌病和禽霍乱等。

【用法与用量】每1 000 kg饲料，磺胺二甲氧嘧啶113.5 g和本品68.1 g。

三、喹诺酮类药物

喹诺酮类主要通过抑制细菌DNA合成酶之一的回旋酶，从而造成细菌染色体的不可逆损害而呈选择性杀菌作用，其抗菌谱广、杀菌力强。除对支原体、大多数革兰氏阴性菌敏感外，对衣原体、某些革兰氏阳性菌及厌氧菌亦有作用，其杀菌浓度与抑菌浓度相同，或为抑菌浓度的2～4倍，大多数组织中的药物浓度高于血清药物浓度，尤其适用于细菌与细菌或细菌与支原体混合感染。

1.诺氟沙星 Norfloxacin

【适应证】用于治疗禽的细菌性疾病和支原体感染，如大肠杆菌病、沙门杆菌病等。

【用法与用量】

混饮：每1 L水，禽50～100 mg，2次/d，连用3～5 d。

混饲：每1 000 kg饲料，禽100～200 g。

内服：一次量，每1 kg体重，禽10 mg，2次/d。

肌内注射：一次量，每1 kg体重，禽5 mg，2次/d。

2.环丙沙星 Ciprofloxacin

【适应证】用于禽细菌性疾病和支原体感染。

【用法与用量】

混饮：每1 L水，禽40～80 mg，2次/d，连用3～5 d。

内服：一次量，每1 kg体重，禽5～10 mg，2次/d。

肌内注射：一次量，每1 kg体重，禽5～10 mg，2次/d，连用3 d。

3.恩诺沙星 Enrofloxacin

【适应证】动物专用抗菌药，用于禽细菌性疾病和支原体感染，如传染性鼻炎、支原体感染、鸡白痢等。

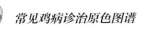

【用法与用量】

混饮：每1 L水，禽50～75 mg，2次/d，连用3～5 d。

混饲：每1 000 kg饲料，禽100 g。

内服：一次量，每1 kg体重，禽5～7.5 mg，2次/d，连用3～5d。

4.氧氟沙星 Ofloxacin

【适应证】 本品对多数革兰氏阴性菌和革兰氏阳性菌、某些厌氧菌和支原体有广谱的抗菌活性，对庆大霉素耐药的铜绿假单胞菌、氯霉素耐药的大肠杆菌、伤寒杆菌、痢疾杆菌等均有良好的抗菌作用，内服吸收良好，生物利用度高。主要用于敏感菌所致的急慢性呼吸道、泌尿生殖道、胆道、肠道、皮肤软组织感染及家禽的各种霉形体感染等。

【用法与用量】

混饮：每1 L水，禽50～100 mg，2次/d，连用3～5 d。

肌内注射：一次量，每1 kg体重，禽2.5～5 mg，2次/d。

5.达氟沙星 Danofloxacin

【适应证】 动物专用广谱氟喹诺酮类抗菌药物，其抗菌谱与恩诺沙星相似，抗菌作用较强，其特点是内服、肌内或皮下注射吸收迅速而完全，生物利用度高，体内分布广泛，肺部中的药物浓度是血浆浓度的5～7倍，对支原体及敏感菌等引起的呼吸道感染疗效突出。临床主要用于禽大肠杆菌病、巴氏杆菌病、禽霍乱、败血支原体病及支原体与细菌混合感染。

【用法与用量】

混饮：每1 L水，禽25～50 mg，连用3～5 d。

内服：一次量，每1 kg体重，鸡2.5～5 mg，1次/d，连用3 d。

6.沙拉沙星 Sarafloxacin

【适应证】本品为动物专用广谱抗菌药物，对革兰氏阳性菌、革兰氏阴性菌及支原体的作用均明显优于诺氟沙星，内服吸收迅速，对肠道感染疗效突出。用于治疗细菌性疾病与支原体病，如大肠杆菌病、沙门杆菌病、禽霍乱和葡萄球菌病等。

【用法与用量】

混饮：每1 L水，禽25～50 mg，连用3～5 d。

混饲：每1 000 kg饲料，禽50～100 g。

肌内注射：一次量，每1 kg体重，禽2.5～5 mg，2次/d，连用3～5 d。

7.二氟沙星 Difloxacin

【适应证】用于鸡细菌性疾病与支原体感染，如鸡的慢性呼吸道病、禽霍乱等。

【用法与用量】

混饮：每1 kg体重，鸡10 mg，2次/d，连用3～5 d。

内服：一次量，每1 kg体重，鸡5～10 mg，2次/d，连用3～5 d。

8.氟甲喹 Flumequine

【适应证】主要用于革兰氏阴性菌所引起的消化道和呼吸道感染。

【用法与用量】

混饮：每1 L水，鸡30～60 mg，2次/d，连用3～5 d；首次量加倍。

内服：一次量，每1 kg体重，鸡3～6 mg，2次/d，连用3～5 d。

四、其他化学合成抗菌药

1.痢菌净（乙酰甲喹）Maquindox

【适应证】本品为广谱抗菌药物，对革兰氏阴性菌的作用较强。主要用于治疗禽霍乱、禽大肠杆菌和沙门杆菌等引起的肠炎。

【用法与用量】

混饮：每1 L水，鸡50～100 mg。

内服：一次量，每1 kg体重，鸡5～10 mg，2次/d，连用3 d。

肌内注射：一次量，每1 kg体重，禽5 mg，2次/d。

2.喹乙醇 Olaquindox

【适应证】用于治疗敏感菌引起的感染，如禽霍乱、大肠杆菌病等。

【用法与用量】

内服：每1 kg体重，20～30 mg，1次/d，连用3～4 d。

混饲：每1 000 kg饲料，禽30 g。

3.甲硝唑 Metronidazole

【适应证】本品广谱抗厌氧菌和抗原虫，主要用于治疗厌氧菌引起的系统或局部感染，如腹腔、口腔、消化道、皮肤及软组织的厌氧菌感染，对鸡弧菌性肝炎、坏死性肠炎、阿米巴痢疾、火鸡组织滴虫病等疾病有效。

【用法与用量】

混饮：每1 L水，禽250～500 mg，连用7 d。

静脉注射：一次量，每1 kg体重，鸡20 mg，1次/d，连用3 d。

4.地美硝唑 Dimetridazole

【适应证】用于治疗鸡的组织滴虫病。

【用法与用量】混饲：每1 000 kg饲料，禽500 g。

5.洛克沙肿 Roxarsone

【适应证】用于预防鸡球虫病。

【用法与用量】混饲：每1 000 kg饲料，鸡50 g。

6.氨苯肿酸 Arsanilic Acid

【适应证】用于预防鸡球虫病。

【用法与用量】混饲：每1 000 kg饲料，鸡100 g。

7.乌洛托品 Methenamine

【适应证】用于磺胺类、抗生素疗效不好的尿路感染，促进尿酸排出。

【用法与用量】混饮：每1 L水，鸡0.5～1 g，连用3～5 d。

第三章
抗真菌药

兽医上应用的抗真菌药物，根据其来源和用途，主要分为以下四类，其中临床中常用的为前两类。

（1）抗真菌抗生素，常用的有灰黄霉素、两性霉素B、制霉菌素等，其中灰黄霉素仅对浅表真菌有效，其他两种药主要用于深部真菌感染。

（2）咪唑类合成抗真菌药，这类药抗真菌谱广，对深部真菌和浅表真菌均有作用，毒性低，真菌耐药性产生慢，常用的有克霉唑、酮康唑、咪康唑等。

（3）专用于治疗浅表真菌感染的外用药物，如水杨酸、十一烯酸、苯甲酸等，只对浅表真菌引起的皮肤感染有效。

（4）饲料防霉剂，如丙酸及丙酸盐、山梨酸钾、苯甲酸钠、柠檬酸等，添加于饲料中以防止饲料霉变。

1.制霉菌素 Nystatin

【作用与用途】广谱抗真菌药，用于消化道真菌感染，如鸡念珠菌病、鸡嗉囊真菌病、禽曲霉菌病等；外用治疗体表的真菌感染，如禽冠癣等。

【用法与用量】

混饲：治疗白念珠菌感染（如家禽鹅口疮），每1 kg体重，禽50万～100万u，连用1～3周。治疗雏鸡曲霉菌病，每100只，50万u，2次/d，连用2～4 d。

气雾用药：鸡50万u/m³，吸入30～40 min。

内服：雏鸡5 000 u，2次/d。

2.两性霉素B（芦山霉素） Amphotericin B

【作用与用途】广谱抗真菌药，对隐球菌、球孢子菌、组织胞浆菌、白念珠菌、芽生菌等多种全身性深部真菌均有强大的抑制作用，主要用于上述敏感真菌所引起的深部真菌病。

【用法与用量】

混饮：雏鸡每只每天0.1～0.2 mg。

气雾：鸡25 mg/m^3，吸入30～40 min。

3.克霉唑（三苯甲咪唑、抗真菌Ⅰ号） Clotrimazole

【作用与用途】广谱抗真菌药，对多种致病性真菌有抑制作用，如用于治疗禽烟曲霉菌病、白念珠菌病等，外用治疗体表的真菌感染，如鸡冠癣等。

【用法与用量】混饲：雏鸡10 mg/只。

4.酮康唑 Ketoconazole

【作用与用途】广谱抗真菌药，浅表及深部真菌感染均有作用，且低浓度抑菌，高浓度杀菌。对毛癣菌等有抑制作用，对曲霉菌和孢子丝菌作用弱，一般白念珠菌对本品耐药，适用于消化道、呼吸道及全身性真菌感染，外用治疗真菌病如鸡冠癣等。

【用法与用量】内服：一次量，每1 kg体重，鸡10～20 mg。

第三编
饲养管理

第一章
肉鸡 WOD168饲养管理

第一节　肉鸡 WOD168 品种介绍

1.品种概述

北京市华都峪口禽业有限责任公司联合中国农业大学、思玛特（北京）食品有限公司，打破传统思维，创新利用蛋鸡、肉鸡育种资源优势，科学系统地综合应用遗传评估、分子育种以及疾病净化等技术，自主培育我国小型白羽肉鸡配套系WOD168。

该配套系商品鸡外形一致，全身白羽，单冠，喙、胫为浅黄色；鸡群性能稳定，42 d出栏，成活率99%以上，出栏体重可达 1.5 kg，料肉比 1.7∶1；鸡群体质优秀，出生1日龄免疫后，可以全程不免疫，全程零投药，食品安全有保障。

2.品种特点

品种纯正：专门化选育的品系，垂直疾病的彻底净化，利用杂交优势进行配套组合，最终形成外形一致，性能稳定的配套系。

成活率高：经过对纯系成活率的持续选育，商品代鸡具有母系体质健康，适应能力强的特点，全程（42 d）成活率达99%以上。

肉质鲜美：商品代集肉鸡/蛋鸡肉质优势，肌肉剪切力介于肉鸡和蛋鸡肉质之间，口感适宜；无垂直传播疾病，养殖期间无需用药，禽肉食品更安全。

成本低廉：以蛋鸡品系为母系，种鸡繁殖效率高，商品鸡苗成本低；商品雏鸡体质好，防疫成本投入少；鸡群适合立体平养，养殖效率更高。

无抗养殖：种鸡疾病净化彻底，鸡群更安全；母源抗体保护时间长，并且笼养模式下，生物安全更易控制，可实现无抗养殖。

公母分饲：雏鸡羽速自别，商品代公母分饲，可提高饲料转化效率和鸡群均匀度。

3.适用养殖范围

肉鸡 WOD168 配套系适用于规模化、无抗立体平养、网上平养。本饲养管理内容仅适用于立体平养模式（即笼养）。

第二节　肉鸡 WOD168饲养管理

一、笼养

1.育雏期

（1）雏鸡初饮管理：

雏鸡初饮目的：早饮水可防止雏鸡脱水，有利于维持体内代谢平衡和营养物质的吸收。

★雏鸡到达前12 h，提前向水管注水，确保雏鸡到达时，管内水温在25℃以上。

水线乳头标准12~15只/个。

★根据雏鸡大小，调整水线高度，使饮水乳头高度与雏鸡眼部平行。调整水压，最好每个乳头都挂有水珠。

★为减少远程运输对雏鸡应激影响，可在饮水中添加维生素，降低应激。

★鸡只饮用水水质要求标准：新建养殖场一定要对地下水进行抽样化验，

尤其是高氟、重金属或者被农药、细菌、微生物等污染的水源，对于不合格水源要进行合理的净化或者选择新的供水途径。

（2）饲料供给管理：

★最适粒度，乐于采食：直径在1.25~2.5 mm之间，1.25 mm以下的不得超过5%。

★参照卵黄营养成分设计专用饲料的营养水平，选用优质能量、蛋白原料。

★饲料应采用经过膨化熟化的颗粒饲料，以便提高消化利用率。

★料桶使用：1~6 d之内均可使用；育雏期少加勤添，每天添加4~6次，保持饲料新鲜适口。

★开食后检查小鸡的吃料和饮水情况：通过检查嗉囊能够判断小鸡是否饮水和吃料。在进鸡后的 8 h，随机抽取 300 只小鸡，通过轻轻触摸来检查它们的嗉囊。正常情况时嗉囊应该是柔软的。如果嗉囊僵硬，表示鸡只没能喝到足够的水；如果嗉囊肿胀、充满水分，表示它们没有吃到足够的饲料。在检查时，至少需要有 95%以上的鸡只嗉囊饱满。入舍后8 h采食率达到90%，24 h采食率达到100%。

（3）温湿度管理：

★温度适宜判断标准：温度适宜时，雏鸡活泼好动，精神旺盛，叫声轻快，羽毛平整光滑，食欲良好，饮水适度，粪便多呈条状；休息时，在笼上分布均匀，头颈伸直熟睡，无异常状态或不安的叫声，鸡舍安静。若温度过低，雏鸡扎堆，靠近热源；若温度过高，鸡群张口喘气，远离热源，采食量减少，饮水增加。

★低温育雏的危害：低温育雏会影响雏鸡的卵黄吸收、采食和饮水活动，影响鸡群的抵抗力，甚至诱发感染多种疾病，如呼吸道病、大肠杆菌病等，造成病雏、弱雏增多，死淘率增加。

★育雏期鸡舍温度控制措施：育雏期供热设备温度的变化决定鸡舍温度变化。为了保证鸡舍1 d内温度变化≤ 1℃，供热设备温度1 d内变化要≤ 5℃，尤其注意夜间供热设备温度的稳定性。具体措施：制定供热设备运行时的温度标准，将供热设备昼夜温差控制在5℃之内；供热设备温度与鸡舍需求相匹配，检查温度是否在要求的范围之内；供热设备安装温度自动记录设备，可以将每天的温度保存记录，方便随时查看；育雏温度不均匀与鸡舍密封性有关，重点检查风机密封性、屋顶保温层的保温性，粪沟、鸡舍大门、进风口的密封性；合理布局供暖设施，使其分布均匀。确保鸡舍内前、中、后及笼养上、中、下层间温差小于

1℃。

★雏鸡体型小、呼吸量小，尽量减少通风，尤其是冬季前3 d一般不通风。但是，春末夏初的时候，由于外界气温变化大，前期要在无法通风的情况下尽量开启小窗，防止热应激过大出现采食下降或者伤鸡。

★不同日龄鸡群栋舍温度、湿度、空气质量标准见表1。

表1　鸡群日龄及温湿度、空气质量参考标准

日龄	温度 /℃		相对湿度/%	空气质量
	夏	冬		
0	33.5	35	70	氧气含量>19.5% 二氧化碳含量 <0.3%
1	33	34	70	
2	32.5	33.5	70	
3	32	33	70	
4	31.5	32.5	65~60	
5	31	32	65~60	
6	30.5	31.5	65~60	
7	30	31	65~60	
8	29.5	30.5	55~60	氨气含量<10 mg/L 可吸入粉尘<3.4 mg/m³
9~14	28	29.5	55~60	
15~22	26.5	28	50~55	
23~30	25	26.5	40~50	
31~38	24	25	30~40	
32~39	23	24	30~40	
40至出栏	21~22	21~22	30~35	

（4）光照管理：育雏期在保证鸡群正常采食的前提下尽量增加光照时间，7日龄后随着鸡群生理特点的变化逐渐增加黑暗时间和降低光照强度，实现鸡群健康生长。光照管理程序见表2。

光照强度的计算公式：Lx=0.9W/H²

式中，Lx为光照强度，W为灯泡功率，H²为高度的平方。

表2　光照管理程序

日龄	光照时间/h	黑暗时间/h	光照强度/Lx
0~2	24	0	20
3~6	23	1	20

续表

日龄	光照时间/h	黑暗时间/h	光照强度/Lx
7~10	22	2	15
11~28	21	3	10
28~42	22	2	5
43至出栏	23	1	5

（5）通风管理：育雏期前7 d通风管理以保温为主，通风换气为辅。做好鸡舍的供暖，保证供暖设施的正常运行，鸡舍和育雏区域的温度达标；做好温度监测记录，确保鸡背部高度的温度达到33 ℃；笼养育雏要确保每个小笼内的温度达到标准；同时，还可以依据鸡群的精神状态来判定鸡舍温度是否满足鸡群生理需要。

（6）雏鸡体重管理：

★称重样本选择：按照饲养量的3%~5%采样，随机抽样和固定点抽取；要求抽样分前中后不要只取局部鸡群作为评判标准。

★称重时间：选择应激最低时间段，降低鸡舍光照，参照进鸡时间保证当天满足采食24 h。

★称重方法：逐只称量，并记录数据；尽量采用最小误差电子秤进行测量（尤其接鸡时候）。

★计算指标：有平均体重、均匀度、合格率。均匀度是指在鸡的取样群体中，落在平均体重正负10%以内的鸡只数占整个取样数的百分比，是现代饲养的关键指标之一，能够很好地体现鸡群生长发育状况。

★结果评估：与标准对比找出差异，分析原因；每周要求称重1次，通过控制光照和饲料，使雏鸡体重达到标准体重；7日龄体重应达到1日龄体重的3倍，7日龄的体重每增加1 g，相当于屠宰体重增加5.7 g。

2. 育成期

（1）饲养密度管理（分栏）：3~4层笼养鸡舍一般在夏季7~10 d进行一次分栏即可分满鸡舍；冬季一般延长4~5 d，分栏时间主要受限于冬季供暖能力和外界低温限制，同时可以降低鸡舍热量能源浪费。分栏可降低笼内密度，增加水料位，合理利用空间减少资源浪费。

（2）防疫管理：一般1日龄孵化场做好防疫后不再增加免疫，减少了鸡群应激和发病概率；如果没有做好孵化场免疫，需要在14日龄饮水免疫法氏囊病。防疫前后要做好水线清洗工作和疫苗的计算、配制工作，在免疫前 1~2 h控水即可，夏季或者在采食高峰期应当减少控水时间，同时要保证在鸡群机体健康状态下进行免疫工作，否则需要考虑免疫效果。

（3）温、湿度管理：参考表1。

（4）光照管理：参考表2。

（5）通风管理：育成阶段是鸡群变化比较快的阶段，需要把控好鸡舍通风。在寒冷季节既要做好鸡舍的保温工作，又要保证鸡舍通风换气；在满足最小呼吸量的前提下，确定目标温度；防止进入鸡舍的冷空气吹鸡造成冷应激，采取间歇式横向通风方式。

通风方式采取横向通风模式，鸡舍通风系统的选择要根据地理位置、气候条件、鸡舍构造、存栏等统筹规划。鸡舍进风口有两种：第一种是横向侧窗进风口设置在鸡舍侧墙上，风机安装在鸡舍一端；第二种是屋顶通风，风机安装在屋顶的通风管道处，进气阀均匀分布在鸡舍两边；屋顶通风法经常用于较冷天气的少量通风。在较低温度或育雏期间，配置以及调整侧墙或顶棚的进风口甚至比风扇更重要。

1）温度控制：采取间歇式横向通风方式，实现三个匹配。间歇式横向通风方式的三个匹配见图1。

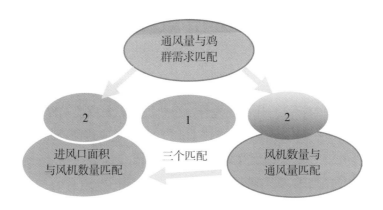

图 1 间歇式横向通风方式的三个匹配

★通风量与鸡群需求匹配：最小通风量的设定不仅考虑温度，而且要考虑湿度，同时还要根据鸡背高度的风速和空气中二氧化碳的浓度设定。鸡只的周龄、体重和外界温度决定了鸡群需要的最小换气量（表3）。

表3 不同周龄、不同舍外温度下的最低通风量

环境温度/℃	1周龄时最低通风量/［m³／（h·只）］	3周龄时最低通风量/［m³／（h·只）］	6~7周龄时最低通风量/［m³／（h·只）］
32	0.36	0.54	1.25
21	0.18	0.27	0.63
10	0.13	0.18	0.42
0	0.08	0.13	0.29
−12	0.07	0.11	0.21
−23	0.07	0.11	0.21

★风机数量与通风量匹配：根据鸡舍构造、存栏量、外界温度、风机规格计算满足最小通风量的风机开启个数及循环次数，建议5 min一个循环。

★进风口面积与风机数量匹配：进风口开启大小应与舍内静压相匹配。使进入舍内的冷空气沿着天花板运动到鸡舍中央与鸡舍热空气混合后吹到鸡身上；进风小窗应对称开启，实现空气的均匀分布，减小各位置的温差。

2）如何加热进入舍内的冷空气：让冷空气尽量长时间地停留在屋顶区域，与舍内热空气混合，最大程度地加热进风；增加进风空气的含水能力，减少贼风出现的概率。通过安装导流板，确定导流板的角度，控制进入舍内空气流动的方向，小窗开启大小控制进入空气的流量与速度（图2）。通过红外线温度成像技术测定舍内温度，判定进入舍内的冷风处理的是否合理。

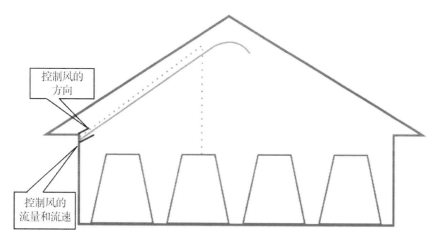

图2 鸡舍寒冷天气进风气流模式

3）不同外界温度鸡舍目标负压：根据外界温度设定鸡舍目标负压值，温度低负压高，温度高负压低（图3）。

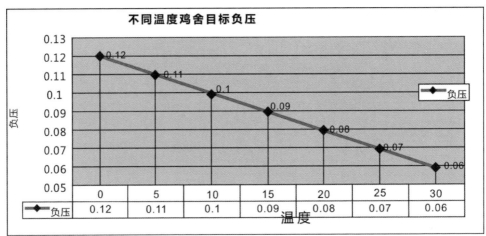

图3　不同温度鸡舍负压

4）炎热季节温度管理措施：在热应激期间，蒸发式热量散失变成热量散失的永久模式。湿度升高会造成水分蒸发的减少。如果湿度不能下降到70%以下，鸡舍管理者唯一能够令鸡群降温的方法是维持通过鸡只的风速至少在2 m/s。

如果温度升高超过舒适温度范围，鸡只的吃料量就会受到负面影响。舒适温度范围就是鸡只不用浪费额外的能量来为身体升温或降温的有效温度范围。温度每超过舒适温度范围1℃，鸡只的吃料量就会减少1%。这意味着如果温度从25℃升高到35℃，吃料量大概会减少10%。28日龄前羽毛尚未长齐，应特别注意风冷效应（会是正常的1~2倍）。一般0~14日龄鸡背0风速，15~21日龄不应超0.5 m/s，22~28日龄不应超0.8~1.5 m/s。夏季为了降温，鸡舍的设计风速最好能达到2.8 m/s以上。

★热应激常用计算公式和单位换算。

摄氏温度=（华氏温度−32）/1.8。

鸡的热应激指数=舍内温度计温度×1.8+32+舍内湿度热应激指数=150，鸡群正常承受范围内。

热应激指数=155，承受能力达到底限。

热应激指数=160，减少采食，增加饮水和降低生产性能。

热应激指数=165，开始死亡，对肺脏和心血管系统造成严重损伤，鸡只中暑，晚间死亡多于白天。

热应激指数=170，出现大量死亡，多数当时即窒息而死，少数晚间死亡。

★体感温度与湿度、风速之间的关系，见表4。

表4 不同温度与湿度、风速之间的对应关系

环境温度 /℃	相对湿度 /%	不同风速下的体感温度/℃					
		0 m/s	0.51 m/s	1.10 m/s	1.52 m/s	2.03 m/s	2.54 m/s
35	50	35	32.2	26.6	24.4	23.3	22.2
35	70	38.3	35.2	20.5	28.8	26.1	24.4
32.2	50	32.2	29.4	25.5	23.8	22.7	21.1
32.2	70	35.5	32.7	28.8	27.2	25.5	23.3
29.4	50	29.4	26.6	24.4	22.7	21.1	20
29.4	70	31.6	30	27.2	25.5	24.4	23.3
26.6	50	26.6	24.4	22.2	21.1	18.9	18.3
26.6	70	28.3	26.1	24.4	23.3	20.5	19.4
23.9	50	23.9	22.8	21.1	20	17.7	16.6
23.9	70	25.5	24.4	23.3	22.2	20	18.8
21.1	50	21.1	18.9	18.3	17.7	16.6	16.1
21.1	70	23.3	20.5	19.4	18.8	18.3	17.2

★通风方式。

采取纵向通风模式，纵向通风是风机安装在鸡舍末端，进风口设置在鸡舍前端或前端两侧的一段山墙上。空气被一端的风机吸入鸡舍，贯穿鸡舍后从末端排出。纵向通风可使空气流动速度加大，最大至3 m以上，从而给鸡群带来风冷效应降低体感温度。

5）温度控制措施：

a.采取纵向通风与湿帘降温，实现三个匹配。

①通风量与鸡群需求匹配。

炎热季节要满足鸡只最大通风量需求。采取纵向通风风机运行时，依据外界温度变化调整通风级别，增加风速，降低体感温度。舍内可产生1~2.5 m/s的风速，鸡只的体感温度可降低6~8℃；风速的风冷效应随着温度上升到超过30℃而降低，当达到35℃以上时，光是风速对鸡已不产生风冷效果，因此应采取湿帘降温。

当舍内温度高于32℃时，湿帘运行，外界干热的空气与湿帘表面的水膜相接触，吸热蒸发，从而降低进入鸡舍的空气温度。进入鸡舍的冷空气带走舍内热空气的热量排出舍外，达到降温目的。

②进风量与排风量匹配。

夏季纵向通风，当风机数量一定时，鸡舍正前方进风口面积越接近鸡舍截

面积，获得的风速越大；舍内静态压力越小，风机效率越高。

③排风量与湿帘的匹配。

湿帘启动时，应保证进入鸡舍的空气全部由湿帘进入，少开风机，降低风速；湿帘开启时，通过调节上水的速度控制水流面积，防止温度剧烈下降；安装导流板，防止靠近湿帘的鸡着凉。

b.湿帘纸规格。

湿帘纸有10 cm和15 cm厚度两种规格。湿帘面积计算方式：15cm厚度湿帘过帘风速1.8 m/s，10 cm厚度湿帘过帘风速1.5 m/s。用鸡舍每秒最大排风量除以通过湿帘的风速即可得到湿帘的使用面积。

6）通风方式：

开放式鸡舍采取自然通风，简单易行，成本低，受外界环境影响大。适用于南方的养殖条件。

密闭式鸡舍一般采取负压机械通风，有三种通风方式，即纵向通风、横向通风、混合过渡通风。

通风参数设定标准：在饲养管理过程中，根据鸡群存栏、日龄、体重、外界气候变化，设置鸡舍通风参数，见图4。

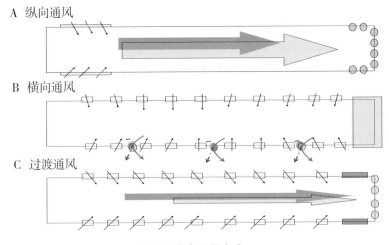

图4　鸡舍通风方式

7）通风参数设定标准：

A.体感温度：由于风冷效应，鸡感觉的温度比温度计显示温度要低。

B.相对湿度：控制在40%~60%，不超过70%，不低于40%。

C.鸡只最大呼吸量：每千克体重1.7~2.5 m³/h。

D.鸡只正常换气量：每千克体重1 m³/ h。

E.鸡只最小换气量：每千克体重0.93 m³/h。

F.鸡舍内截面风速：冬季 0.1~0.3 m/s，春秋换季 0.5~1 m/s，夏季 1~3 m/s。

3.育肥期

（1）抗体水平：后期鸡群抗体水平需要定期监测，这样可以为鸡群后期健康成长提供管理数据。在国内饲养环境条件下，必须坚持"4321 疾病防控精髓"，即 40%的精力做好免疫，免疫是鸡群产生均匀有效抗体的核心；30%的精力做好环境控制，环境是鸡群保证均匀有效抗体的基础；20%的精力做好监测，监测是检验鸡群均匀有效抗体的手段；10%的精力做好鸡群保健，保健重点在于鸡群的体质，体质健康是鸡群维持均匀有效抗体的保障。

（2）营养标准：鸡群在后期的能量和蛋白需要认真关注，如果不能提供合格的饲料营养，会直接造成后期出栏的指标降低而影响养殖效益。

（3）通风影响：鸡群出问题很多情况下是因为后期管理放松，鸡舍内环境指标下降，通风不稳定诱发疾病概率增加。

二、网上平养

1.育雏期

（1）增加开食面积：在 1 周龄前，提供额外的喂料空间。除开食盘外，可铺一些自动降解无污染垫纸在网架上，将少量饲料均匀地撒在开食盘和垫纸上（垫纸或者开食布不能全部覆盖并且加料要均匀平撒，同时保证48 h以后撤除垫纸或者开食布），让鸡自由采食。个别不采食的鸡，要人工辅助采食。

开食纸或开食布的目的：增加开食面积和速度，提高鸡群均匀度；降低残腿率。

（2）隔断密封：网养跟笼养不同，需要前后分段育雏。所以前期保温工作很重要。在秋冬季节网养鸡群下方一般凉气流动性大，所以要提前加湿和预温并且要多加几道隔断，才能保证热量不流失。良好的育雏环境可以促进卵黄吸收，减少因为温湿度不达标造成鸡群诱发肠炎等疾病。

（3）防鼠工作：补栏前后要及时做好灭鼠工作，很多养殖场因为灭鼠工作不到位造成补栏后夜间老鼠咬死鸡群造成疾病传染和鸡群应激。

2.育成期

（1）扩群的注意事项：扩群前要预温、预湿，温、热季 1~2 d，冷季 2~3 d；准备好足够的饮水和饲料。扩群时不要人工赶鸡，要让鸡自由疏散。平养鸡群活动性大所以要尽量多分栏，这样可以减少鸡群夜间分布不均匀和局部受凉的问题。扩群时间：冷季12：00~14：00，温、热季9：00前。必须在鸡群密度增大并且预温没有问题的前提下进行缓慢扩栏，还要考虑夜间通风的影响，白天可以区别夜间通风量的大小，减少鸡群扩栏后的冷应激。

（2）温度探头：平养鸡舍温度探头要与鸡背平行，同时要保证鸡舍前中后各有一个电子温度探头和水银温度计。每天记录不同探头的温度，校准温度探头，保证设备的正常有积极作用。

（3）鸡粪清理：平养鸡舍大多使用刮粪板，地面容易存留粪便和有水线漏水。在坚持及时清理鸡粪的同时要考虑鸡舍湿度的下降问题。

3.育肥期

平养鸡舍后期鸡群密度相对笼养鸡舍要小，所以在后期管理上除了需要关注鸡群的密度外，更多的是管理好扩群后鸡群的通风工作。

第三节 疾病防控及免疫接种

抗体均匀有效是保障，通过实施有效的卫生、隔离、消毒等生物安全措施，执行合理的免疫程序，使鸡群产生均匀有效的抗体，是鸡群健康高产稳产的保障。

1.疾病分类

峪口禽业结合我国目前的养殖环境及蛋鸡养殖场的生产实际，根据疾病特点及防控手段，将蛋鸡疾病分为三大类，分别是垂直传播性疾病、免疫控制性疾病和环境条件性疾病。

商品代养殖场对于疾病的防控，要在选择纯净性好、无垂直传播性疾病的雏鸡基础上，做好免疫控制性疾病和环境条件性疾病的控制，环境条件性疾病的防控重点是改善饲养管理，此部分内容在体重管理、温度管理和光照管理中体现，本部分重点介绍免疫控制性疾病的防控。疾病的分类如图5所示。

2.疾病防控

（1）免疫控制性疾病：传染病流行的三要素包括传染源、传播途径和易感动物，切断其中任何一个环节均不会造成疫病的流行。在我国目前的养殖环境下，消灭传染源，或者彻底切断传播途径是很难实现的。所以有效防控疾病，就必须从易感动物入手，通过人为创造条件与鸡群自身免疫力相结合，建立易

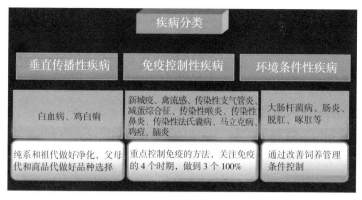

图5　疾病的分类及常见疾病

感动物的保护屏障：均匀有效抗体，均匀是指鸡群抗体比较集中，离散度在4个以内；有效是指毒株对型，并且抗体值在保护标准以上，使其变为"不易感动物"，抵御疾病的感染。疾病防控的核心是围绕鸡群产生均匀有效抗体去全面开展防疫工作，这是最切合实际且能够收到良好效果的唯一途径（图6）。

图6　免疫的核心

（2）均匀有效抗体的产生：在国内饲养环境条件下，必须坚持"4321疾病防控精髓"（图7）。

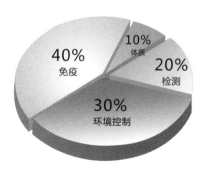

图7　"4321"疾病防控精髓

3.防控措施

（1）40%的精力做好免疫：免疫是鸡群产生均匀有效抗体的核心。要通过免疫，使机体获得均匀有效的抗体水平，使其从"易感动物"变为"不易感动物"，抵御疾病的感染。

1）1日龄肉鸡生理特点及重点防控疾病。

①此阶段雏鸡大脑调节机能不健全。

②免疫系统发育不完善。

③肺小、气囊多、没有淋巴结和横膈膜。

④对外界环境的适应性差，对各种疾病的抵抗力也相对较弱。

⑤重点防控传染性支气管炎、法氏囊病、H9亚型禽流感，同时关注慢性呼吸道病、大肠杆菌病等疾病的发生。

2）1日龄雏鸡孵化厅免疫：峪口禽业肉鸡体系提供的"1日龄雏鸡免疫服务"，包括新流法疫苗注射免疫和传支喷雾免疫。

①1日龄进行传支喷雾免疫原因：

时机准：在传支的易感日龄出雏即免疫，实现疫苗毒第一时间占位，避免野毒侵袭。

应激小：避免上笼后再抓鸡的应激，减少场区免疫对鸡群的应激。

成本低：每只鸡防疫成本只需3分钱。

风险小：减少运输、上笼、免疫等各环节感染几率，专业的免疫师按照标准的操作流程进行免疫，免疫效果更确实。

②1日龄注射免疫新流法疫苗原因：

疫苗毒株优势：疫苗选择优势毒株，有效抗原含量高。

安全优势：使用进口佐剂，保证疫苗均质稳定，抗原均一，免疫应激小，安全性高。

1日龄注射无副反应，疫苗易吸收。

有效优势：对ND、H9、IBD抗体产生快，水平高，持续期长，一针免疫，全程保护。

（2）30%的精力做好环境控制：环境是鸡群保证均匀有效抗体的基础。环境控制就是通过有效的隔离措施和科学的消毒方法，减少病原传入场区及在场区内传播、扩散的几率，保证均匀有效抗体的产生和维持抗体的高度。

1）隔离：隔离是阻断病原通过各种途径侵入鸡群的最有效的措施，按照作用的不同可以分为横向隔离和纵向隔离。

★横向隔离：主要阻断公司与外界，不同养殖场之间和同一养殖场不同防疫区之间水平传播。

① 四级预警：为了避免外界疫情传入公司，根据疫情距离公司的远近及严重程度设置"红橙黄绿"四级预警级别，每个级别分别采取不同的防疫标准与措施，降低鸡群感染疾病的几率。

② 三级防疫区：在一个场区内部，根据对防疫要求的严格程度不同，将场区不同的区域划分为三级防疫区。划分依据：与鸡直接接触（指鸡舍）划为一级防疫区；与鸡间接接触，但距离较近（指生产区）划为二级防疫区；与鸡间接接触，且距离较远（指生活区）划为三级防疫区。不同防疫区的防疫标准及采取的防疫措施不同。

★纵向隔离

阻断同一场区内上、下批次鸡群之间的疾病传播。实行全进全出的饲养模式；使同一场内或同一小区内的日龄接近，统一进鸡，统一淘汰，然后对场区与栋舍进行彻底清扫、冲洗、消毒，并空场一段时间后再进新鸡。

2）消毒：通过物理和化学的消毒方法，将外环境和内环境中的病原微生物杀灭，减少数量，延缓繁殖速度，控制在不能引起鸡群发病的范围之内。包括紫外线照射、蒸煮消毒、火焰消毒、熏蒸消毒、喷洒、浸泡消毒等。

（3）20%的精力做好监测：监测是用来评估鸡群是否具有均匀有效抗体和产生抗体的手段。包括抗体监测、环境监测、剖检监测和药敏试验。

1）剖教监测：通过剖检来监测鸡群的健康状况，当有异常病理变化时，及时采取措施。包括正常死亡的剖检、非正常死亡的剖检、预测性剖检三种情况。其定义及适用状况见表5。

表5 不同鸡只剖检要求及目的

分类	定义	剖检比例	目的	适用状况
正常死亡的剖检	鸡只死亡数量在正常范围内，剖检无明显共同性特征	2次/周，每次100%剖检	了解鸡群健康状况	外界无疫情，剖检无明显共同性特征时，按照常规剖检原则执行
非正常死亡的剖检	鸡只死亡数量超过正常范围，剖检有明显共同性特征	及时（1~2 h内）剖检，剖检20只或全部剖检	了解疾病发展态势	外界发生疫情，按照预防性剖检原则执行，同时配合实验室诊断手段

续表

预测性剖检	国内或场区周边省市发生流行病，或者养殖场内其他鸡舍发生疫病流行时，对非感染鸡舍鸡群的预测性剖检诊断	每日剖检1次，每次剖检死亡比例100%+一定数量病鸡	及时发现疫病	剖检有明显共同性特征情况时，按照非正常死亡剖检原则执行，同时配合流行病学、临床症状、实验室诊断等手段尽快确诊，采取针对性措施

2）环境检测：监控环境控制效果，评估环境能否起到保护均匀有效抗体产生的作用。包括空气、饲料、饮水、鸡舍环境、人员、车辆、物品等项目的监测。

①鸡舍各监测项目的结果评价标准：带鸡消毒物体表面标准见表6、鸡舍其他位置监测指标见表7、饮水的微生物学监测标准见表8。

表6　不同级别物体表面菌落参考标准

位置	细菌总数/（cfu/cm^2）	级别
物体表面	0~100	优
	101~500	良
	501~1 000	中
	1 001以上	差

表7　不同级别环境菌落参考标准

位置	细菌总数	级别
带鸡消毒空气/（10^4 cfu/m^3）	0~10	优
	11~20	良
	21~30	中
	31以上	差
空舍熏蒸消毒评价标准（物体表面）/（cfu/cm^2）	0~10	优
	11~20	良
	21~30	中
	31以上	差

表8　饮水微生物参考标准

级别	细菌总数/（cfu/mL）	大肠杆菌数/（cfu/mL）	沙门杆菌数/（cfu/mL）
优	0~9	不得检出	不得检出
良	10~1 000		
中	1 001~10 000		
差	100 001以上		

③饲料原料检测参考标准见表9。

表9　饲料原料检测参考标准

类别	名称	细菌总数/ （cfu/g）	霉菌总数/ （cfu/g）	大肠杆菌总数/ （cfu/g）	沙门杆菌/ （cfu/g）
谷类	玉米、麸皮、小麦、小麦粉、玉米皮、玉米蛋白粉、豆粕、棉籽蛋白、米糠	$<1.5 \times 10^5$	$<4 \times 10^4$	$<2 \times 10^3$	不得检出
肉粉类	鱼粉	$<2 \times 10^6$	$<1 \times 10^4$		
	鱼溶浆粉		$<2 \times 10^4$		
	肉粉		$<2 \times 10^4$		
发酵类	谷氨酸渣	$<1.5 \times 10^5$	$<4 \times 10^4$		

③成品饲料检测标准见表10。

表10　成品饲料检测参考标准

	细菌总数/（cfu/g）	霉菌总数/（cfu/g）	大肠杆菌/（cfu/g）	沙门杆菌/（cfu/g）
配合饲料	$<1.5 \times 10^5$	$<0.45 \times 10^5$	$<2.0 \times 10^3$	不得检出

（4）10%的精力做好鸡群保健：体质是鸡群维持均匀有效抗体的保障。当鸡群体质下降、面临各种应激因素或各种营养不良时，就会影响均匀有效抗体的产生。因而，保证鸡群体质健康是产生均匀有效抗体的保障。通过提供适宜稳定的环境，做好鸡群呼吸道、消化道保健，降低各项应激，适当给予相应的营养物质，从而确保鸡群健康。

4.免疫程序

WOD168商品代免疫程序见表11。

表11　WOD168商品代免疫程序

日龄	疫苗种类及用法用量	物理措施及目的	注意事项
1	孵化场新流法注射，新支二联喷雾	添加多维减少应激	注意防止脱水
7	新支二联点眼1~1.2倍量（孵化场喷雾后可免做）	7~9日龄断喙，最晚不过9日龄。断喙与防疫分开，减少应激	肠炎、大肠杆菌病预防
14	法氏囊疫苗饮水免疫1.2倍量（孵化场注射后可以免做）	免疫前后减少喷雾消毒	
21	新城疫4系饮水免疫，1.5~2倍量	免疫前后减少喷雾消毒	
35	新城疫4系饮水免疫，2~2.5倍量	根据鸡群状况和当地疫情调整	大肠杆菌病、呼吸道预防

5. 管理工作流程

WOD168商品代饲养管理工作流程见表12。

表12 WOD168商品代饲养管理工作流程

日龄	项目	作业内容	基本要求	备注
进雏前 1~2 d	预温及及准备接雏工作	①准备点火预温；②防火安全检查；③准备好记录表格及接雏育雏用的其他器具；④准备饲料、兽药；⑤准备饮水器、开食盘	达到开始育雏温度（35℃）、湿度（60%~65%）要求	落实好饲料
接雏前	开饮、开食，观察、光照、值班	①雏鸡到来前半小时摆好饮水器和开食盘；②人工诱导雏鸡饮水；③观察温度情况；④24 h光照；⑤夜间有人值班	①20℃左右温开水中加入3%葡萄糖；②每只雏鸡都要饮到水，否则人工训水；③每2 h给料一次，少给、勤添，不会吃料者人工训食；④雏鸡分布均匀；⑤通宵开灯	①饮水器水量不要过多；②训水、训食方法：轻轻敲击饮水器、食盘，个别者人工抓起将头轻轻按在水盆、食盆中，随即拿出；③注意调整舍温，1~2日龄34~32℃；湿度70%，至少检查温度8次/d
1	记录工作，常规工作检查	①观察雏鸡动态、采食情况、鸡粪色泽；②检查温度、湿度	①及时洗刷饮水器；②喂料，少量勤添，8次/d；③雏鸡活泼好动，不扎堆，温度达到管理要求	①观察鸡群采食情况；②检查鸡群使用水线和料线情况；③料槽铺料
2~3	常规管理	喂料、换消毒液、记录、观察鸡群、调整温湿度、卫生管理，自今日起光照23 h	喂料8次/d，随时检出料盘中粪便等污物，注意清洗饮水器	视鸡群使用料线和水线情况，撤料盘和水罐，温度33℃，湿度65%~60%，夜间熄灯1 h
4	常规管理	记录、检查温湿度、换消毒液、清粪	喂料3 h/次，淘汰弱小雏	
5	撤垫网	逐渐撤垫网	垫网上粪便勿掉入料槽，开始适当通风	5~7日龄舍温调至30~32℃（从即日起逐渐下调温度）
6	调整饲喂设备	分群	动作要轻	料水准备

续表

日龄	项目	作业内容	基本要求	备注
7	常规操作	下午称重	2%~5%抽测体重	夜间熄灯4 h
8~9	常规管理	天黑前换好灯泡	本周舍温逐步降至29℃	
10~11	常规管理	观察夜间鸡群有无呼吸异常声音	记录比例	
12	常规管理	分群	添加抗应激药物	保证舍温平衡，舍内空气良好
13	常规管理			
14	常规管理、称重			
15~16	常规管理		加强通风	注意粪便状况
17~18	常规管理		加强通风	准备过渡料
19	常规管理换料	1号料中混加 1/4 的 2号料	饲料要混匀	自今日起至22日，逐步把1号料换成2号料，注意鸡只反应
20	常规管理换料	饲料中混加1/2的2号料	①采暖设备无故障；②饲料要混匀	
21	常规管理换料、称重	①饲料中混加1/2的2号料；②下午称重		21~42日龄易发生传染性法氏囊炎，每天要仔细观察粪便，如发现乳白色稀粪，立即报告
22	常规管理		今日起全部使用2号料，喂料4 h/次	湿度控制在55%~50%，连续观察鸡群及粪便
23~25	常规管理			注意湿度管理
26	常规管理	饮用多维1 d	加强通风	注意湿度管理
27~44	常规管理	28、42日龄称重	加强通风	注意湿度管理

第二章
蛋鸡饲养管理

　　养殖管理预案都源于40年蛋鸡、种鸡养殖，50亿京系列蛋鸡服务数据的沉淀。以鸡为核心，汇聚饲养、营养、防疫三大领域核心技术点，基于每一个品种的生长特性、养殖鸡群各日龄段管理要点、不同疾病特点、季节特点、地域特点，形成了科学的养好鸡的方案，并能做到每日提醒，帮助养殖场（户）养鸡不得病、少得病，实现蛋鸡高产、稳产，足不出户就能养好鸡。具体操作模式如下：

　　第一步　安装智慧蛋鸡APP，完成客户注册。

　　第二步　打开智慧蛋鸡，点击【会养鸡】，选择【养殖预案】，点击【我要预案】，点击【定制预案】。

　　第三步　新进鸡群，输入养殖场、栋号、品种、日期、当前日龄、进鸡数量即可生成鸡群批次信息，点击【生成预案】即可获得该批次鸡群养殖预案。

　　第四步　查看养殖全程预案。

　　点击【我的预案】，养殖预案展示饲养、营养、防疫预案全程关键信息。

　　第五步　查看日龄要点。

　　点击【今日要点】展示鸡群所在日龄饲养、营养、防疫预案关键信息。

附 录

附录 1　种鸡免疫程序

日龄 / 周龄	疾病名称	疫苗种类	免疫剂量	免疫途径
1 日龄	新城疫、传染性支气管炎	新支妥（La Sota+H120）	1 羽份	喷雾
	马立克病	双欣立克（Ⅰ + Ⅲ）	1 羽份	颈部皮下注射
3 日龄	球虫病	球虫弱毒疫苗	1 羽份	滴口或拌料
5 日龄	病毒性关节炎	关言妥（ZJS）	1 羽份	颈部皮下注射
10 日龄	新城疫、传染性支气管炎、禽流感（H9）	优瑞泰（La Sota+M41+HP）	0.3 mL	颈部皮下注射
		信之妥（La Sota+H120）	1 羽份	点眼
13 日龄	传染性法氏囊病	锐必法（B87）	1 羽份	滴口
15 日龄	鸡痘、传染性喉气管炎	喉豆平（传染性喉气管炎、鸡痘基因工程苗）	1 羽份	刺种
20 日龄	鸡毒支原体感染	枝力平（F 株）	1 羽份	点眼
3 周龄	禽流感（H5+H7）、新城疫、传染性支气管炎	禽元	0.3 mL	皮下注射
		信之妥（La Sota+H120）	1 羽份	点眼
4 周龄	传染性法氏囊病	锐必法（B87）	1 羽份	滴口
5 周龄	新城疫、传染性支气管炎、禽流感（H9）	优瑞康（La Sota+HP）	0.5 mL	皮下注射
		信之妥（La Sota+H120）	1 羽份	点眼
6 周龄	鸡毒支原体感染	慢呼净	0.5 mL	皮下注射
	传染性鼻炎	鼻妥	0.5 mL	皮下注射

日龄／周龄	疾病名称	疫苗种类	免疫剂量	免疫途径
7 周龄	禽流感（H5+H7）	禽元	0.5 mL	皮下或肌内注射
	病毒性关节炎	关言妥	1 羽份	皮下注射
10 周龄	新城疫、传染性支气管炎、禽流感（H9）	新支妥（La Sota+H120）	1 羽份	点眼
		禽流感（H9）	0.5 mL	皮下注射
12 周龄	鸡传染性喉气管炎	锐安（K317）	1 羽份	点眼
13 周龄	禽脑脊髓炎、鸡痘	豆严妥	1 羽份	刺种
14 周龄	传染性贫血	传染性贫血弱毒疫苗	1 羽份	注射
	禽流感（H5+H7）	禽元	0.5 mL	皮下或肌内注射
	新城疫、传染性支气管炎	新支妥（La Sota+H120）	1 羽份	点眼或喷雾
15 周龄	新城疫、禽流感（H9）	优瑞康（La Sota+HP）	0.5 mL	皮下或肌内注射
17 周龄	传染性鼻炎	鼻妥	0.5 mL	皮下注射
	鸡毒支原体感染	慢呼净	0.5 mL	皮下注射
20 周龄	新城疫、传染性支气管炎、减蛋综合征	信之健（La Sota+M41+Z16）	0.5 mL	皮下或肌内注射
		新支妥（La Sota+H120）	1 羽份	喷雾或点眼
23 周龄	新城疫、传染性支气管炎、传染性法氏囊病、病毒性关节炎	信法关（La Sota+B87+S1133）	0.5 mL	皮下或肌内注射
24 周龄	禽流感（H5+H7）	禽元	0.5 mL	皮下或肌内注射
	新城疫、传染性支气管炎	新支妥（La Sota+H120）	1 羽份	点眼或喷雾
25 周龄	新城疫、禽流感（H9）	优瑞康	0.5 mL	皮下或肌内注射
30 周龄 /40 周龄 /50 周龄	新城疫、传染性支气管炎	新支妥（La Sota+H120）	1 羽份	点眼或喷雾
45 周龄	禽流感（H5+H7）	禽元	0.5 mL	皮下或肌内注射
35 周龄 /45 周龄 /55 周龄	新城疫、传染性支气管炎	新支妥（La Sota+H120）	1 羽份	喷雾或点眼

附录2 蛋鸡推荐免疫程序

日龄	疾病名称	疫苗种类	免疫剂量	免疫途径
1	新城疫 + 传染性支气管炎	新支妥（La Sota+H120）	1 羽份	点眼滴鼻
	新城疫 + 传染性法氏囊病	信法康（La Sota+ HQ）	0.2 mL	颈背部皮下注射
7	新城疫 + 传染性支气管炎	新支妥（La Sota +H120）	1 羽份	点眼
	新城疫 + 传染性支气管炎 + 禽流感（H9）	优瑞泰（La Sota+M41+HP）	0.2 mL	颈背部皮下注射
21	禽流感	禽元	0.3 mL	皮下 / 肌内注射
	新城疫	新必妥（La Sota）	1 羽份	点眼
28	禽痘	痘必妥	1 羽份	翼翅下刺种
35	新城疫 + 传染性支气管炎	新支妥（La Sota+H120）	1.5 羽份	点眼
	传染性鼻炎	鼻妥	0.3 mL	皮下 / 肌内注射
45	传染性喉气管炎	喉必妥（K317）	1 羽份	点眼
	新城疫、禽流感（H9）	优瑞康（La Sota+ HP）	0.3 mL	皮下 / 肌内注射
55	禽流感	禽元	0.3 mL	皮下 / 肌内注射
65	新城疫 + 传染性支气管炎	新支妥（La Sota+H120）	2 羽份	点眼
75	传染性鼻炎	鼻妥	0.5 mL	肌内注射
85	传染性喉气管炎	喉必妥（K317）	2 羽份	点眼
95	禽脑脊髓炎、禽痘	豆严妥（AE+POX）	2 羽份	刺种
105	新城疫 + 传染性支气管炎	新支妥（La Sota+H120）	2 羽份	饮水
	新城疫 + 传染性支气管炎 + 减蛋综合征 + 禽流感（H9）	优瑞可（La Sota+M41+AV127+NJ02）	0.5 mL	皮下 / 肌内注射
110	禽流感	禽元	0.5 mL	皮下 / 肌内注射
280	禽流感	优瑞泰（La Sota+M41+HP）	0.5 mL	皮下 / 肌内注射
		禽元	0.5 mL	皮下 / 肌内注射

开产后，每 30 ~ 45 d 锐必新、新支妥交替饮水

附录3　白羽肉鸡推荐免疫程序

推荐冬季免疫程序

日龄	疾病名称	疫苗种类	免疫剂量	免疫途径
1	新城疫 + 禽流感（H9）	优瑞康（La Sota+ HP）	0.15 mL/ 羽	颈部皮下注射
	传染性支气管炎	新支妥（La Sota+H120）	1 羽份	喷雾
	传染性法氏囊病	威力克	0.1 mL/ 羽	颈部皮下注射
7	新城疫 + 传染性支气管炎	新支妥（La Sota+H120）	1 羽份	点眼或饮水
21	新城疫	锐必新（La Sota）	2 羽份	饮水

推荐夏季免疫程序

日龄	疾病名称	疫苗种类	免疫剂量	免疫途径
1	新城疫 + 传染性法氏囊病	信法康（La Sota+HQ）	0.2 mL/ 羽	颈部皮下注射
	传染性支气管炎	新支妥（La Sota+H120）	1 羽份	喷雾
7	新城疫 + 传染性支气管炎	新支妥（La Sota+H120）	1 羽份	点眼或饮水
21	新城疫	锐必新（La Sota）	2 羽份	饮水